# 享受生命中不幸的涅槃

## 将来的你，一定会感谢历经苦难的自己

辉浩 著

中国商业出版社

**图书在版编目(CIP)数据**

享受生命中不幸的涅槃/辉浩著.—北京:中国商业出版社,2016.6

ISBN 978-7-5044-9328-6

Ⅰ.①享… Ⅱ.①辉… Ⅲ.①成功心理—通俗读物 Ⅳ.①B848.4-49

中国版本图书馆 CIP 数据核字(2016)第 033774 号

责任编辑 姜丽君

中国商业出版社出版发行

010-63180647 www.c-cbook.com

(100053 北京广安门内报国寺 1 号)

新华书店总店北京发行所经销

北京柯蓝博泰印务有限公司

* * * *

710×1000 毫米 16 开 19 印张 160 千字

2016 年 8 月第 1 版 2016 年 8 月第 1 次印刷

定价:35.00 元

* * * *

(如有印装质量问题可更换)

# 序：享受生命苦的涅槃

阿里巴巴集团前任总裁马云曾说过这样一段话：“你现在真的感到很累吗？那么累就对了，舒服是留给死人的！苦才是人生；累才是工作；变才是命运；忍才是历练；容才是智慧；静才是修养；舍才是得到；做才是拥有。如果你感到自己很辛苦，生命中饱受痛苦，生活里厄运重重，青春里充满忧伤，那你应该告诉你自己：这些都不要紧，因为容易走的那些路都是下坡路，坚持住，而你正在走上坡路，当你穿越了这些人生的不幸、生活的磨难之后，你一定会脱胎换骨，成熟稳重，你对生命的感悟会达到不一样的层次。”

由此可知，人生是苦‘生命是痛的。从你出生的那一秒起，所要经历的过程是分娩的疼痛；在你“呱呱”坠地的那一刻起，你发出了人生的第一次哭泣；当你一天天慢慢地长大，你的生命旅程便伴随着各种各样的挫折、困境与不幸。在一次次苦痛中、在一个又一个不幸中，你渐渐地长大，慢慢地变得成熟，尝尽了人生的酸甜苦辣，也领悟了生命真正的含义。你就像一只涅槃中的凤凰，在浴火中受尽了煎熬，最终得到了生命的重生；你就像一条毛毛虫，被千丝万缕的丝线重重束缚着，在厚厚的茧壳里苦苦挣扎着，最后破壳而出，羽化成蝶；你就像一尾拉丁鱼，遭受着无数次逆境的冲刷，洄游而上，在尽头完成了新生命的延续……可见，生命只有不断地经历不幸，才能够显示出它的伟大；生命由于正在不断地经历着不幸，才能发挥出它前所未有的潜能。因为不幸，你才领悟到了人生的价值。

**来看一则故事：**

春秋时期的吴国和越国是邻国，两国经常兵戎相见。在一次交锋中，吴王被越王勾践的大将灵姑砍成重伤而亡。吴王死后，他的儿子夫差继位。公元前 497 年，夫差领兵攻打越国，为报杀父之仇。两军在夫椒交战，吴军大获全胜，越王勾践被逼无奈只好求和，以自己为人质。越王勾践投降后，为了表示诚意，就住在了夫差父亲墓旁的石屋里，做看守坟墓和养马的事情。夫差每次出游，勾践就拿起马鞭，亲自为他当马夫。有一次，吴王夫差生了病，勾践则亲自品尝夫差大便的味道，来判断吴王病愈的期限。吴王夫差见勾践如此，便放下了戒心，将他放回了越国。

勾践回国后，为了不忘自己曾经受过的耻辱和种种不幸，他晚上就睡在柴薪之上，并且在梁上挂了一个苦胆。每天通过尝胆来激励自己，不要忘了曾经的不幸。终于，经过十年的准备，越国由弱变强，最后打败了吴国，杀了吴王，越王勾践也成为了春秋时期最后一位霸主。

这便是妇孺皆知的“卧薪尝胆”的故事，它告诉人们只有不断地经历不幸，时刻地处在忧患之中，才能有更多的领悟、才能不懈怠、才能变得强大，走向成功。

与勾践同时期的孟子说：“故天将降大任于是人也，必先苦其心志，劳其筋骨，饿其体肤，空乏其身，所以动心忍性，增益其所不能。”意思是说如果上天赐予你一份大事业，就必须先让你受尽苦难，经历不幸，磨炼你的意志和身心，你才能发奋图强、顽强拼搏、意志坚定、勇往直前。

因而，一个人要想战胜自己，战胜困境，就要不断地经历不幸，只有在不幸的环境中，我们才能学到东西，有所领悟，让自己变得无坚不摧。

另外，为了帮助广大读者在遭遇不幸时脱离苦海，本书从十个方面讲述了如何从不幸中成长，在逆境中长大，希望真的会让你领悟到生命的真谛，早日涅槃重生！

# 目　录

## Chapter1　苦，才是人生

我们一出生就可能和苦作伴，这才是上天对我们的考验，才能因为苦而非凡。



## Chapter2　因为痛，所以叫生命

因为痛了，所以才知道叫生命。生命正是因为疼痛，人活着才有价值，不然，就可能是一个植物人，毫无意义。

## Chapter3　青春是道明丽的伤

青春，一个美好的字眼，却带着很多伤痕。然而，正是这些明丽、刻骨的伤，让我们青春的花季、雨季更值得回味。



## Chapter4　总有一次流泪，让我们瞬间成长

不落泪，便难以成长；一次次落泪才能让我们更好地成长，我们便要在这一次次流泪中幡然醒悟。

## Chapter5　千万次摇摆，才能长大成人

多少颠簸、多少摇摆，我们才能真正的成熟。正是这些坎坷的遭遇，才磨砺了我们的意志，让我们更好的长大、成人。



## Chapter6　舍得，你更需要从容、淡定

有舍便有得，不舍便没有得。在得到的同时也会失去，在失去的同时也会得到，就有必要有这种辩证的态度了。

## Chapter7　情绪掌控，是一场修行

掌控不好自己的情绪，就容易做傻事。人有必要在情绪中修行，才能避免错误，少走弯路。



## Chapter8　耐得寂寞，守得云开见月明

不幸的寂寞是难忍的，但守得住寂寞，却会一片云开。耐得寂寞才能得到丰硕果实，成功的人士都明白其中的内涵、意蕴。

## Chapter9 佛陀教你不生气

佛陀会让你不生气，从而在面对不幸时便能泰然处之，让你的人格变得伟岸，你也能更好地赢得别人的赞同与支持。



## Chapter10 野心与优雅

人们总活在野心与优雅的争斗中，于是不幸也层出不穷。要很好地审视这一份野心与优雅，做一个明智之人，更好地达成目标。

# Chapter1
# 苦，才是人生

我们一出生就可能和苦作伴，这才是上天对我们的考验，才能因为苦而非凡。

# 幸福离我们有多远

2012年，联合国首次向全世界公布了一项“全球幸福指数”的调查报告，调查了全世界一百多个国家和地区人民的幸福程度，调查结果显示丹麦成为全球最幸福的国度，其他北欧国家亦高踞前列位置。美国排在第11名，台湾地区排名第46位，在亚洲地区居第3，仅次于新加坡（33）和日本(44)，韩国排名第56位，中国香港排名第67位，中国内地则排名第112位。

当看到这则数据，联系当下的生活，我们不禁会扪心自问，为什么距离幸福那么遥远呢？难道我们天生就是和苦难离得太近？那么我们的不幸福到底体现在哪里呢？幸福指数报告指出，财富的多寡并非是幸福指数的决定性因素，这还跟自身的性格、地域性的文化和教育程度有关。

其实，幸福离我们并不远。因为上帝是公平的，它赐予每个人的苦难都是相同的，只不过有些人放大了苦难、有些人缩小了苦难。对苦难的领悟不同，导致了我们距离幸福的远近不同。

因为苦难本身就是人生的伴随者。许多时候，我们都希望事情会向我们想象的方向发展，但是事实却未必如此，失败的阴影总会第一个袭向我们。位高权重的，会一落千丈；生死相许的，会势同水火；合家欢聚的，会曲终人散；寿比南山的，会撒手人寰。所以，一切的美好都难逃苦难的魔掌，所以佛家才会说：人生皆苦。

每个人的一生都不会一帆风顺，人生的大道上会遇到许多“绊脚石”，在猝不及防的情况下可能遭遇到狂风暴雨、惊涛骇浪、冰山暗礁……但只要正确对待，不气馁，持之以恒，始终坚定如一，成功还是会有希望的，幸福并不是那么遥远。

来看一则故事：

在一家建筑工地上，有两个建筑工人正在搬砖。每天，他们干着非常繁重的体力活，住着简陋的工棚，看着亲手建造的大楼卖给了别人，大把的钞票进入了建筑老板的口袋，让两人羡慕不已，梦想着如果自己是一家建筑公司的老板，该多好啊！于是，两人商量，掏出了多年在工地上打工的血汗钱，租了几间房子，招聘一些以前在一起干活的工友，组成了一支小小的施工队伍，成立了一家小建筑公司。

公司成立后，他们才感到一切并不像当初想象的那么美好，反而比以前更苦了，更重要的是他们这个小建筑公司受到了一些大建筑公司的垄断，根本接不到任何项目，而且他们每天还要付工人工资和房租。两人感到了前所未有的艰苦，有时甚至怀疑自己当初的想法是不是太冲动了。

就在公司快资不抵债的时候，一场突如其来的大火烧了公司的房子。尽管消防人员及时赶到，前来帮忙救火，但是因为傍晚的风势过于强大，所以一时半会不能够将火扑灭。等到大火扑灭时，房子已经烧毁了，只剩下一堆残垣断壁。

眼前的情景让两人抱头痛哭。痛哭过后，只见一个工人手里拿了一根棍子，跑进烧成灰烬的屋里不断地翻找着。而另一个工人则瘫软在了地上，彻底绝望了。

过了半晌，只见那个翻找的工人突然兴奋地叫起来："我找到了！我找到了！"

只见他的手里拿着一把搬砖的钳子，沮丧的脸上终于露出一丝笑容，自言自语说："谢天谢地，感谢它还没有被烧掉。只要有了这钳子，我就可以再建造一家建筑公司。"而另一个工人则慢慢地站起来，彻底心灰意冷，连创建公司想都不敢再想了，退出了建筑队伍，他觉得这种当老板的幸福离他太远了。

时光荏苒，26年的时光过去了。原来那两个建筑工人如今已经有了截然不同的人生。当初那个退出公司的工人仍旧在工地上做一名搬砖工，而另一个工人已经是中国地产界赫赫有名的大老板了，他的名字叫潘石屹。

后来，当人们提及当年的往事时，潘石屹说：“这么多年来，其实我一直都是和苦难在一起度过的，直到现在我并认为当初的大火是一个致命的打击，因为后来我还遇到了更大的苦难。当苦难来临时，我们应该想想究竟是哪些幸福远离了我们，还是我们即将要远离幸福。在这个世界上，没有任何事情都是一帆风顺的，成功的人大部分都曾被失败冲击过，所不同的是他们并没有被眼前的苦难所吓倒，而是爬起来，继续向着成功之路迈进，所以我成功了。但人生的苦难来临时，我告诉自己：‘天无绝人之路’”。

那么，在任何时候，我们都应该找到属于自己的幸福，战胜苦难，就会迎来幸福。如若不然，只会和幸福无缘，甚至离幸福越来越远。

1. 苦难本身就是人生的伴随者，没有苦难的人生便不叫作人生；

2. 上帝是公平的，它赐予每个人的苦难都是相同的；

3. 苦难来临时，我们应该想想究竟是哪些幸福远离了我们，还是我们即将要远离幸福；

4. 山穷水尽疑无路，柳暗花明又一村，人生的不幸有很多种，但是通往幸福的路绝不止一条，幸福并不远，因为天无绝人之路。

# 人生是苦与难的周旋

人是自然界有思维的高级动物，人比其他动物有着崇高的追求，人活着的目的是为了克服没有解决的问题和困扰，推动社会一步步向前发展。这就犹如电视连续剧，一旦主人公安全、问题解决、团结或圆满的时候，就是该剧结束的时候了。人也是这样，没有不幸，就没有意义可言了。

人们也常说，人生如棋。如果困难都没有了，那就直接可以将军了，那下棋还有什么意思？所以下棋重在过程。人生也是如此，重在我们所走过的道路，因此，每走一步，都要倍加珍惜，不能因为一时的受挫，而使情绪低落，高兴不起来。其实，面前的境况，只是以前事情的结果而已，我们不要为了以前的得失而影响了后面的人生过程，否则，自己的损失将会更大。

来看一则故事：

一场残酷而持久的战争结束了，有个年轻的吹号手终于随着部队凯旋而归，回到了阔别已久的家乡。可是，当他回到家时，却听到一个不幸的消息，他日夜思念的女朋友已经嫁给了别人为妻，因为他的女朋友听说年轻的吹号手已经战死在了沙场上。年轻的吹号手心里痛苦极了，为了不触景生情，逃避心里的悲伤，于是他便离开了家乡，带着自己的小号到处流浪。路上，陪伴他的只有那把冲锋号，每天在他无法排解心中的苦痛时，他便吹响冲锋号，号声凄婉悲伤。

有一天，他路过一个国家，在田野上吹起了冲锋号。正好有一位将军打猎路过，听到了号手的号声，心里十分好奇，便叫人把他唤来，问："你的号声为什么这样哀伤？"年轻的号手便把种种的不幸经历告诉了将军。将军听了号手的故事，非常同情，为了帮助年轻的号手摆脱困境，下了一道命令，让全国的人民都来听这号手讲他自己的不幸经历，让所有的人都来分享号声中的哀伤。

日复一日，年轻的号手不断地讲，全国人民不断地听，只要那号声一响，人们便来围拢他，默默地听。这样，无数次过后，他的号声已经不再那么低沉、凄凉了。又不知从什么时候起，那号声渐渐地变得欢快、嘹亮、悦耳动听了。

有一天，将军把这个年轻的号手叫到跟前，说："现在你的号声已经不再悲伤了，你也从困境中走出来了。告诉你吧，我年轻的时候也是一名号手，也有着和你类似的经历，可是人生的不幸总是会与你相伴的，尤其是作为一名士兵，随时都有战死的可能。那么，我们唯一可以做的就是要学会战胜苦与难，这样才能如意。"

后来，号手跟随将军南征北战，再也不因苦与难而悲观，最后成为了将军手下最骁勇的一名士兵。

我们可以得知，人生中苦与难是时刻相伴的。要正视这种过程，逃避是没有用的，恐慌也不必要。

人要从心灵上征服苦与难，才能在这捉摸不透的一生中，活出新意、活出境界。

## 不幸之后，你还会这样领悟

1. 不论是谁，都避不开艰难险阻，甚至艰难和困惑会贯穿于我们生活的始终，这才是人生；

2. 在苦与难面前，心胸要浩瀚无边，才能有一股节气不会轻易地被俘虏；

3. 可能注定我们今生要与苦难周旋，要接受并改变，方会依然潇洒；

4. 苦难是一种恩赐，会让人更为成熟、成长。

# 事情没你想象的那么糟

面对生活中的不幸，有时我们会不知不觉地把它放大，把一点小事想得太过严重，结果事实证明我们是在自寻烦恼，有时候一件事也许还有转机，我们却自己先泄气了，认为已经无法挽回了；有时我们觉得自己是最倒霉的那个人，事事不顺，其实是我们不够用心；还有的时候，我们只是片面地看到事物不好的一面，可实际上，它还有非常美好的一面，只是我们没有发现……所以，遇到不如意的事情时，千万别忘了提醒自己：别难过！事情没有我们想象的那么糟！

事实上，通常让我们大惊小怪的事情，如果拿来跟别人的遭遇相比，那简直是微不足道，但是，我们为何经常把自己极其微小的不如意，当成好似是生命中的重大挫折呢？

其实，原因就出在我们喜欢借着夸大不幸，来凸显在别人心目中的地位，喜欢借着小题大做，来引起别人对自己的注意。

生活中也会有这样的人存在。而且这还不算，他们会极力地夸大自己的不幸，而这样做的结果只能令自己真的陷入更大的不幸之中。

来看一则寓言：

在大森林里，有一天一群野兔们聚在了一起，开了一个碰头会。在会上，每只野兔彼此诉起苦来，它们认为它们投胎成为兔子真是太不幸了，生活中处处充满着危险和恐惧，人、狗、鹰和其他动物时时刻刻都在威胁着它们，一不小心就会失去生命。有些兔子想起险些遭受天敌们的毒手，甚至是死里逃生，它们觉得与其这样担惊受怕地活着，还不如一死了之。

野兔们商议后决定，一起跳进森林里的河流——投水自尽。蹲在河边的青蛙，一听到兔子跑来的脚步声，吓得立马一个个跳进了水里。带头的野兔看到这些跳进河流的青蛙，说："等一下，我们还是先别跳吧，你们看这些小青蛙更胆小呢，看来它们的人生比我们还不幸呢!"

野兔们认为自己整天担惊受怕很可怜，但通过与青蛙对比之后，才发现自己的命运并不是最糟糕的那个。

再看一个故事：

在法国，有一个叫戴维斯的少年，他读书的时候不管怎么努力，成绩就是上不去。这让戴维斯非常苦恼，他感到人生是如此的不幸，难道自己天生就是一个低智商?

于是，他去求助于一位心理医生。"我一直都刻苦学习，可是每次考试都不及格。"戴维斯苦恼地说。

"问题就在这里，孩子。"心理医生说，"也许你的智商的确有些先天性的障碍，如果你硬要再学习，不仅进步不大，而且也是浪费时间。"

戴维斯听了心理医生的话，双手捂住脸哭了："那样，我爸妈会很难过的，他们一直希望我今后会有一番作为，没想到我的人生是如此的不幸，难道是上帝在故意捉弄我吗?"心理医生看着戴维斯，用一只手抚摸着他的脑袋，语重心长地说："学业不能出众，并不代表其他方面就不行啊，每个人都有自己的特长，工程师不识乐谱或画家背不出九九乘法表，这都是可能的，你也不例外。终有一天，你会发现自己的特长。到那时，你一定会在这方面有所作为的，上帝是公平的，当它为你关上一扇门的同时，就会给你打开一扇窗，你的人生并没有你想象得那样糟。"

戴维斯听了心理医生的话，退学了，开始替人整建园圃、修剪花草。不久，园圃主人发现这个小伙子的手艺非常出色，凡经他修剪的花草无不出奇的茂盛美丽。特别是他将市政府前一块肮脏的污秽场地变成了一个美丽的花园。全城百姓都争相夸赞戴维斯，称他为“绿色的使者”。

当戴维斯30岁的时候，他还是不会说英国话，也不懂拉丁文，微积分他更是一窍不通，但他已经是巴黎一位出色的园艺家了——以色彩和园艺享誉整个园艺界。

戴维斯正是听了心理医生的话，才发现自己并不是一无是处，并开始发挥特长，最终成了一名了不起的园艺家。

对于我们，也要找到自己的特长，才能会有比别人突出的地方，仅仅是这个小小的优势，就会让我们由不幸变得很幸运。

1. 有些人羡慕别人住洋房、开豪华汽车，自己还在生存的边缘处挣扎，这就不必要了，会人比人、气死人！

2. 不幸的程度并不在于不幸本身，而在于心中的那面镜子，惧怕它，不幸就会放大，不惧它，不幸就会缩小；

3. 不幸是残酷无情的，要学会自我调节，学会适应环境，学会随遇而安，才能将不幸最小化；

4. “天将降大任于斯人也，必先苦其心志，劳其筋骨，饿其体肤，空乏其身。”当不幸降临时，可以将其当作是上天在给你“降大任”前的考验。

## 退缩不是挫折的目的

古往今来，已经上演了很多振奋人心的面对挫折的故事，这里也不再用大道理陈述，先看一则让人深有所思的实例吧：

有一个人日子过得非常清苦落魄。每天吃不到山珍海味，不仅如此，有时候还有饿肚子的危险，因为他曾经身上只剩下 11 美元——不知道别人，起码他自己会攥着这几块钱想：花完了就真的没饭吃了。

他不仅没有自己的房产，甚至连房子都租不起。他只好住在车里——这在当时的美国，已经算是很不错的生活了。

生活的种种困难并没有让他就此放弃坚持的梦想，他反而把其当作垫脚石。由于他想当演员，就充满希望地跑到电影公司去应聘。于是，另一种挫折开始了——除了生活更加困苦，还有自信心甚至是对自尊心的打击。

他去电影公司，但是，对方经过面试，将他拒之于门外。理由很简单，因为他外貌长得并不出众，他的这张脸平常到在纽约大街上的人群里一抓一大把的程度。而且他说话吐字不清，这更加不可饶恕，电影公司没有义务为一个连话都说不清的人敞开大门，因为这无疑会增加公司培养一个演员的成本，起码要帮助他矫正舌头。

有人可能会说了，说不清可以打字幕啊！像我们中国的很多港台明星说普通话时都不清楚，但是，有字幕就没问题了。说这些话的人不了解美国人的观影习惯——一般情况下，他们是很不喜欢看字幕的，所以，影院里播放的电影往往都是没有字幕的。这就是为什么后来李连杰打入好莱坞之后，曾自豪地说：让美国人也看字幕了！

从电影公司拒绝他的理由上来看，人家也并不是故意为难他。他的这两个缺点真的是做演员这个职业的绊脚石，尤其是第二点。

他第一次去就遭到拒绝，但是，他没有服输，又去了第二次，第三次……一次次地被拒绝，他又一次次地奋起再试。最后，他去电影公司应聘的次数竟然达到了惊人的数字——1 500 次！当然，这还不是最富挫折性的，关键是去了这么多次照样还是被拒绝了，这才是最大的挫折。

如果换成是别人，他早就无法坚持了，更不要说不怕拒绝勇往直前。因为正常人一般都会有这样的逻辑：我既然被拒绝这么多次了，不是我不想再坚持，只不过可能真的像电影公司所说的那样，我不适合做演员。

从职业上的挫折角度讲，最大的打击莫过于对方说自己根本就不适合干自己喜欢的这一行，就像他，想当演员，却偏偏以不适合干这个为理由而被拒绝了 1 500 次。

即便是这样，他一直都没有退缩。他似乎天生就有种不服输的劲头。他不仅应聘演员，还写了一部剧本，并开始到处去推荐，希望能够有电影公司看中投拍。但是很遗憾，等待他的还是被拒绝，而且比起应聘演员时的被拒绝次数，他推荐剧本时有过之而无不及——1 800 次——他被拒绝了 1 800 次！

他没有时间考虑为什么不论是应聘演员还是推荐剧本被拒绝的次数总是这么多，而且都是整数。他继续推荐自己的剧本，并且希望自己能够演该片的男主角。

一次拒绝，就是一次挫折。但他不认为自己会输，仍不退缩，仍在坚持着。终于，经过千万次的挫折之后，他遇到了一位愿意给他机会的老板。而他也不负众望，通过自己的认真努力坚持不懈，成为了国际巨星。从此，不仅财源滚滚，而且他的很多电影都成为了经典。例如《洛奇》《第一滴血》等。他便是美国演员、导演及制作人史泰龙！

1 800 次的被拒绝，这是多么的不幸，如果没有不服输的念头，到最后只会退缩下来就预示着他失败了。

我们便得知，挫折就像一把双刃剑，可以用来当作退缩的理由，也可以将其化作前进的动力。你需要选择后者！

还有一则众所周知的让人幡然醒悟的实例：

在 19 世纪的英国，有一位英雄，他叫威灵顿。但这位打败英雄的英雄并不只是幸运而已，他也曾经尝过打败仗的滋味，并且多次被拿破仑的军队打得落花流水。

最落魄的一次，是威灵顿将军率领的军队全军覆没，他只好逃到了一个柴房里去藏身。

在饥寒交迫中，他想起惨痛的教训，只想一死了之。但这时候，他看到有一只蜘蛛在织网，有一阵风吹来，网被吹破了。但蜘蛛马上又吐丝，开始重新织网。好不容易又快织成了，又一阵风吹来，网又散开了。蜘蛛又重新开始织就。

就这样，不知经过了多少次，当风停了，蜘蛛就不用担心网再破了。

威灵顿从这一幕中感悟良久，既然小蜘蛛都能面对这么大的不幸，有这么顽强的毅力，何况自己这个叱咤风云的人物呢？

于是，威灵顿重张旗鼓，又经过七年的苦心修养，终于在滑铁卢战役中打败了拿破仑，成就了自己。

唯有经历这无数次的挫折才能让我们更领悟，就像“卧薪尝胆”一样会引导着我们向前走。

无论何时，你都要不退缩，而且你会因为这种不服输的念头，在困境中让你迎来新的曙光。

1. 挫折和失败，有时会接踵而至，这时候，你要更坚强；

2. 内心强大，才没有人能伤得了你，你更需要在面对挫折时有十分胜利的把握；

3. 退缩了只会成为别人的笑柄，你有必要勇往直前；

4. 不要害怕千番百次的失败，总有一天你会得知，成就你自己的，正是源于这无数次的失败。

# 苦的味觉是长在了心里

生活中，我们经常听到那些经历过苦难的人们这样描述自己：“我尝尽了人生的各种酸甜苦辣。”也经常听到那些正在经历苦难的人这样鼓励自己：“吃得苦中苦，方为人上人。”听了这样的话语，我们感到人生充满了各种苦，需要尝试各种艰辛，吃尽许多苦头。

其实，我们还是没有领悟人生的真谛。人生固然是苦的，但是苦的味觉不在嘴上，而是长在了心里。很多人每天抱怨生活的苦，那是因为他们总是喜欢把苦挂在嘴上，而那些真正经历人生之苦的强者，是在心里感受苦的意义，从不诉苦，也不言殇，即便有时是在“哑巴吃黄连”，也是有苦不说出。

在现实生活中，从来就没有真正的苦难。面对困难时，不要就此绝望、妥协，脑子里总想着自己不行了，而是应该拿出勇气和智慧，坚强地支撑下去，那么成功肯定离你不远。因此，用心去感受人生的苦难，你会对苦难有着不一样的领悟。

来看一则故事：

威尔顿的爷爷有一个美丽的“森林公园”，爷爷死前，把这个公园留给了威尔顿，并嘱咐一定要好好打理这个公园，因为那是爷爷一生的心血。

可是，就在爷爷死后不久，一天，突然下了一场暴风雨，一场雷电击中了山上的一棵枯树，引发了一场森林大火，整个公园在一夜之间化成了灰烬。

第二天，看着漫山遍野的焦黑的树桩，威尔顿真是欲哭无泪。

看到爷爷留给他的百年基业，在他的手里毁于一旦，威尔顿难过极了，但是决心倾其所有也要修复公园，他便向银行提交了贷款申请，可是银行无情地拒绝了他。接下来，他四处求亲告友，可是没有人愿意帮助他。

所有可能的办法全都试过了，威尔顿始终找不到一条出路，他感到万念俱灰，简直就像世界末日到来了一样。他一想到郁郁葱葱的树林没有了，就觉得特别对不起死去的爷爷。为此，他闭门不出，茶饭不思，眼睛熬出了血丝，整个人都憔悴了。

一个多月后，在国外度假的邻居听到了这件事情后，意味深长地对威尔顿说："小伙子，公园被烧了固然令人感到可惜，但是更可怕的是你的眼睛失去了光泽。你的爷爷留给你这么好的一座公园，是希望你每天能在青山绿水中快乐地生活，而如今你却因为公园被毁整天愁眉不展，你的爷爷地下有知，会比他失去这座公园更难过，知道吗？我的孩子！"

听了邻居的这番话，威尔顿一个人走出了公园、走上了深秋的街道，呼吸着外面新鲜的空气，顿时感觉心里的痛苦减轻了许多。在一条街道的拐角处，他看见一家店铺的门前人头攒动，他下意识地走了过去。原来，是一些家庭主妇正在排队购买木炭。那一箱一箱木炭忽然让威尔顿眼睛一亮，他忽然看到了让公园复苏的希望。

第二天，威尔顿雇了几名烧炭工，将山上烧焦的树木加工成优质的木炭，分装成箱，送到木炭市场去卖。很快，这些优质木炭被一抢而空，威尔顿得到一笔数目不小的钱。

于是，他用这笔钱去苗圃订购了一大批新的树苗，并且雇用了一些工人种在了公园的山坡上。

一个月后，整个公园变得一片绿，生机盎然。几年后，一个新的公园又诞生了。

便可以得知，最可怕的不是眼前的苦难，而是心灵上打败了自己。要在尝试了这一份苦痛之后，更好地站立起来，才能迎来一道曙光，一片新的世界即将打开！

1. 不幸，是天才的晋身之阶、信徒的洗礼之水、能人的无价之宝、弱者的无底之渊；

2. 苦由心生，苦随心转，改变内心深处苦的味觉，便可以改变命运；

3. 微笑面对痛苦，坦然面对不幸，把苦藏在心里，便会蕴含起一股坚实的、无可比拟的力量；

4. 快乐或者烦忧，不在于你遇到了什么苦难，而在于你如何面对这些不幸。

# 像弥勒佛遇难三分笑

人的一生，就像一趟旅行，沿途中既有数不尽的坎坷泥泞，也有看不完的风景。

我们既要享受阳光、希望、快乐、幸福……也要面对黑暗、绝望、忧愁、不幸……微笑面对生命的一切，永远积极地生活！

大家虽然，每个人的人生际遇不尽相同，而且从命运也并不是对每一个人都很公平，但是上帝在关上一扇门的同时，也会为你开启一扇窗。面对窗外的大地和天空，就看你能不能高昂起你的头，用一双智慧的眼，透过岁月的风尘寻觅到辉煌灿烂的繁星。先不说生活怎样对待你，而是应该问一问你自己，你是怎样看待生活的？

当面对阴暗时，如果你的心总是被忧愁、沮丧所覆盖，干涸了心泉、黯淡了目光、失去了生机、丧失了斗志，人生轨迹岂能美好？你又岂能成就大事？

人生是有阳光也有风雨的，一个人要想赢得人生，就不能总把目光停留在消极的东西上，那只会使人沮丧自卑、徒增烦恼，让人生被生活的阴影遮蔽去它本该有的光辉。其实，只要你永远保持乐观积极的心态，笑迎人生的一切，那么风雨过后，见到的一定是彩虹。

来看一则故事：

有两个女孩，一个叫艾艾，是柏林市人，另一个叫茜茜，是伦敦姑娘。相同的是，她们都长相特别甜美，并且都爱笑，性格属于那种先天的乐天派，可是她们的人生都都是如此的不幸——都是残疾人。

艾艾是先天性残疾，一出生时两条小腿没有腓骨。在她很小的时候，艾艾就被做了手术，截去艾艾的膝盖以下部位。艾艾一直在父母怀抱和轮椅上生活。后来，她长大了，装上了假肢，开始学会了走路，最后学会了跳舞和滑冰。她经常在女子学校和残疾人会议上演讲，由于她天生爱笑，长相甜美，最后还做了一位平面模特，经常成为时装杂志的封面女郎。

与艾艾不同的是，茜茜并非天生残疾。她曾参加英国《泰晤士报》的“摩登女郎”选美，一举夺冠。1990 年，天生爱笑的她，作为形象大使出使非洲，帮助那里的人们建立起了难民营，并用做模特赚来的钱设立茜茜基金，帮助因战争致残的儿童和孤儿。1995 年 3 月，在伦敦街头，她不幸被一辆货车撞倒，造成肋骨断裂，并且左腿被截肢。对于拥有美好人生的茜茜来说，失去一条腿意味着什么，然而天性乐观的她对着自己的假肢笑了笑，很快就从痛苦中恢复了过来，康复后她比以前更加积极地奔走，拼命工作，用做模特赚来的钱为残疾人建立了疗养院。

也许是一种缘分，茜茜和艾艾在一次会见国际著名假肢专家时相识了。她们一见如故，对着彼此残疾的双腿笑了笑，似乎已经感觉到了对方心里在想什么，很快两人成为了好姐妹。

虽然肢体不全，但她们都不觉得这是多么了不得的人生憾事，反而觉得这是一种奇特的人生体验，她们不管在生活中遇到什么不幸，都会一笑而过，她们觉得没有什么比失去肢体更不幸了，她们变得坚韧和有生命力。她们现在使用着假肢，行动自如。只有在坐飞机经过海关检测，金属腿引发警报器铃声大作时，才会显出两位大美人的腿与众不同。

艾艾和茜茜能更好地活着，并笑着活下去，便足以见证了她们面对苦难时的积极乐观！

像弥勒佛那样，只要用笑去面对苦难的人生，那么，人生中就会活力满满，即便不幸接踵而至，你也会很好地从中走出来。

## 不幸之后，你还会这样领悟

1. 苦难就像弹簧，你弱它就强，你强它就弱，所以你要强；

2. 微笑面对不幸，会充满希望和美好；

3. 一时的困难并不是永远的灰暗，多笑一笑，像弥勒佛那样，人生会更可观；

4. 对自身的缺陷等，要看淡，要萌生美好的愿望，寻找生命的春天。

## 人生就像在玩一场过山车

我们常说："苦尽甘来。"意思是说一段苦日子过后，就会换取一段幸福生活的到来。因为在现实生活中，一个人不可能一直走运，也不可能一直走背运，任何苦难到了尽头，都会转向好的一面，这就是否极泰来的道理。

人生就像是在游乐场玩一场过山车，一段人生低谷过后，你就会重新达到另一个顶点。那么，这些苦难轨道上的低凹处，当你处在这个阶段的时候，你正在为下一个阶段——高处做准备。

如果你现在还处在苦难中，还在苦苦挣扎，那么不要紧，因为你正在向一段甜蜜靠近。当你现在还在为工作忙得焦头烂额时，一所大房子正在悄悄地到来；当你对心爱的女孩还在苦苦追求时，一个美丽温柔的妻子正在不远处等你……

来看一则故事：

李娜是台北市中鼎集团一名财务会计，工作兢兢业业。可是在公司的精减人事裁员中，不幸被淘汰，下岗了。对于这突如其来的打击，已是人到中年的她心里很不是滋味，甚至吃不下睡不香。

一天，赋闲在家的她去菜市场买菜，看到了一个和她年纪相仿的妇女正在给来往的人擦鞋。忽然，一个灵感涌现在了脑海：如果开一家擦鞋的店，不仅成本不会很高，而且目前还没人开擦鞋店，竞争也很小，这样不仅可以解决就业问题，同时也给家里增添了收入。

晚上，当她把自己的想法告诉丈夫时，丈夫立即出言反对："你要去擦鞋？每天和一些臭鞋子打交道，你不觉得恶心，我还感到丢人呢。"

“这也算是一份工作，又能挣钱，有什么不好?”李娜反驳说，“我现在这个年纪很难再找到一份体面的工作，况且这也是辛苦换来的钱，怎么就丢人了呢?”

最终，李娜还是决定租一个客流量相对多的门面，买了擦鞋的用具，这样，台北市第一家室内擦鞋店便诞生了。

为了吸引顾客，她不惜降低一倍的价格，擦鞋市场一般为 2 元钱一双，她收 1 元，这样一来，很多需要擦鞋的人都把鞋送到了她的店擦。每天她早早地开门，还另外雇了 4 名员工，忙得时候一天要擦 300 ~400 双鞋，有时忙得连吃饭、喝水的时间都没有。每天起早贪黑，非常辛苦。

由于每天都有钱赚，每天都非常劳累，失去工作的挫败感很快就让她忘记了，她赚到了创业的第一桶金，又将擦鞋店重新装修了一番，配上了空调、沙发和好看的鞋箱，雇用的员工也统一着装，鞋店搞得有模有样了。

最后，李娜与人合伙，注册了“李娜擦鞋有限公司”，并吸收了那些在街头小巷零散的擦鞋工加盟，形成了连锁店。李娜没有想到半年前自己还是一个下岗职工，如今却当上了公司老板。

我们便由此得知，当自己在不幸的低谷时，刚是在为下一步厚积薄发做准备。只要不言放弃，最终就会与成功握手。而这一段苦难的过程，也将变得甜蜜起来。

## 不幸之后，你还会这样领悟

1. 一分耕耘，便有一分收获，一份苦难的耕耘，就会有一份对甜蜜的收获；

2. 人生就像是在玩一场过山车，经历一段低谷，就会冲向一定的高度；

3. 不经历人生的一些风吹雨打，怎么可能见到彩虹——因为阳光总在风雨后；

4. 苦难与幸福组成了人生的波浪，只有不断经历苦难，才能推着幸福向前。

## 历经苦难，生命之花才更绚烂

当我们翻开那些具有辉煌人生成就人们的自传，无论是社会名流还是成功商人，他们都具有一个个共同点，那就是他们光鲜闪亮的人生背后，经历了一个不为人知的苦难，有的甚至是一些致命的打击与不幸。然而，正是这些苦难与不幸，犹如粪水污泥，滋润着他们人生的小树苗不断地茁壮成长，在经历一次又一次的风雨打击后，最终长成了一棵不可撼动的大树。

当回首往事的时候，他们感慨一生最值得炫耀的事情，不是拥有了多少财富，也不是在社会上获得了声名显赫的地位，而是在某一次沉重打击中没有被打倒、没有向苦难屈服，从不幸中艰难地走出来，从而获取了今天的人生。这才是他们人生最绚烂的地方！

可见，人生必须要经历苦难，生命之花才可以开得更为绚烂。通常成功之路并非一帆风顺，有失才有得，只要我们拥有积极的心态去努力一拼，就不会被挫折打倒。其实，谁都有面临困难与逆境的时候，关键是看我们怎样处理。有些人在逆境中永远消极，做了一个失败者；而有些人却能够积极地面对逆境，冲出重围，走向成功。

既然逆境是不能避免的，那就让我们从逆境中找到前进的动力，让这股动力将我们推向成功。我们应该将逆境看作是成功的预兆、成功的垫脚石。让我们牢牢记住一位西方哲学家所说的一句话：“困难与挫折其实是上天故意安排来考验我们的，其实，它就是成功的化身。成功与失败把握在我们手中。”

来看一则故事：

有一座深山古刹，古刹里供着一个花岗岩雕刻得非常精致的佛像，吸引了很多人每天来到佛像前膜拜，而通往这座佛像的台阶也是由同一座山体的花岗岩砌成的。

这些台阶看着每天有那么多人把自己踩在了脚下，看都不看一眼，却对佛像顶礼膜拜，终于不能忍受了，它们质问那座佛像说：你看我们本质没有什么区别，都是来自于同一个山体的岩石，为什么你的人生如此辉煌幸运，而我们凭什么要遭受每天被人们践踏的不幸？你并没有比我们了不起的地方？”

佛像听了台阶们的抱怨，笑着淡淡回答：“我之所以受到人们的膜拜，获得今天的地位，那是因为我曾经受过的苦难是你们想象不到的。不错，我们是来自同一个山体的岩石，然而你们仅仅只挨了四刀就舒舒服服地躺在了这儿，而我则经历了千刀万剐后，才站在了这儿，难道我不应该得到更灿烂的人生吗？”

台阶们听了佛像的话，立刻羞愧地低下了头，从此不再言语了，默默地做着被人们行走的垫脚石。

我们便由此可以得知，谁经历的苦难越多，谁便可以成为人上人，吃得苦中苦，才能让生命之光更为绚烂！

1. 正路并不一定就是一条平平坦坦的直路，难免有些曲折和崎岖险阻，要绕一些弯，甚至会误入歧途；

2. 那些超越生命的奇迹、那些不可复制的成功，都是在经历无数次苦难，在对厄运的不断征服后出现的。

3. 经历一段苦难，能够让人成长；遭遇一段不幸，能够让人坚强。因为生命的耀眼之处在于苦难的堆积！

4. 把人生的不幸看作是动力、把生活中的苦难当作是鞭策，这样，你的人生之路就会越走越宽。

## 抱着感恩去经营未来

命运往往给我们的是一杯苦咖啡，我们所要做的是把它变成甜的柠檬水。无论过去是幸运还是不幸，要想更好地活下去，就应该感恩。

感恩，是一种境界、是一种美德；感恩，是结草衔环、是滴水之恩涌泉相报；感恩，是值得我们去完成的世界性创举；感恩，是我们应该珍视的爱的教育。感恩，可以消除内心的所有积怨；感恩，可以涤荡世间的一切尘埃。

关于感恩的故事，有下面一则可以借鉴：

美国小说家荷摩·克洛伊在写作上有幸运也有不幸。不幸无非是住了很久的家被警长赶走了，他失去了住了18年位于长岛佛洛里斯特的家。那个地方给他留下了太多美好的回忆，他的孩子都是出生在那儿。如今却要永远地说再见，荷摩·克洛伊觉得十分悲伤。

他还记得，多年前他是多么幸福，对未来充满美好的希望。那时，他的作品《水塔之面》卖出了影视改编权。他有了大量的积蓄，和家人到瑞士住了两年。其间还不停地去旅游。后来，他和家人来到了巴黎。在巴黎住了6个月后，他的另一本小说《他们必须见见巴黎》面世了。这本小说同样卖出了影视改编权。

看来，当时荷摩·克洛伊的未来真的很美好，他就回到了纽约，希望在本国大获发展。有人告诉他，说在纽约做生意会非常赚钱。荷摩·克洛伊是一个有生意头脑的人，他决定做房地产生意，借此赚更多的钱让自己过上更舒坦的生活。

但是，荷摩·克洛伊对房地产行业一无所知，凭着自己的勇气，他把自家的房子卖了，然后在佛洛里斯特山区购买了一块建筑用地，做起了发财的好梦。

然而，荷摩·克洛伊真的能成为大富豪吗？他的想法太简单了，原本想等地价涨到高峰时再卖掉，谁知，突然间经济不景气，土地卖不出去。荷摩·克洛伊这时着急了，一家人的生活因此陷入了困境。

他的太太经常抱怨他不好好地写作非要做房地产生意。这时，荷摩·克洛伊也后悔，他必须为那块土地每月付出220美元的代价。除此之外，荷摩·克洛伊想不出另外一种赚钱的办法了。为了养家糊口，他不得不又重写小说。只是这时，荷摩·克洛伊写不出优秀的小说了，他的小说就像《旧约》中的哀歌一样没有人愿意去读，更卖不出影视改编权。

荷摩·克洛伊的心彻底被打垮了，更有甚者，银行结束了房子的抵押，把他和家人全部都赶到街上去了。

迫于生存的需要，他们不得不借钱，租了一间小公寓。不过，在这间小公寓里也过得不怎么好，时常地，他家会因为交不起费用被牛奶公司停止送牛奶、煤气公司把煤气关掉。

荷摩·克洛伊的心情简直糟糕透了，他开始无止境地自责，整天不是酗酒就是闷闷地待在那里不说话。

后来，他想起了母亲在他年少时的忠告：不要被苦难打垮，要抱着感恩的心去经营未来。

正是母亲的忠告，让他成长的道路上破荆斩棘。如今又遇到了困难，难道自己心灵已脆弱不堪一击了吗？

于是，他挺起了胸膛，依然感谢还有住的地方，就抓紧时间写作。

后来，他又卖出许多小说的影视改编权，生活也因此阔绰了。

荷摩·克洛伊一开始过着富足的生活，但是他做着想赚更多钱的美梦，不惜在房地产行业上一亏再亏。荷摩·克洛伊曾被打倒过，心灵上很脆弱，但是他抱着感恩的心去经营未来，不久后又过上了富足的日子。

我们不要对过去的不幸耿耿于怀，感恩会让我们看到美好的一面。

有一个中年人，他最爱的妻子因为癌症久治不愈而去世了。为此，他的天空简直要塌下来了，他真不敢想象接下来的日子该怎么过，他整天流着眼泪。他悲痛欲绝，想和妻子死于同穴。可是，他舍不下他的三个孩子，如今他的三个孩子已经长大成人，只是还没有一个成家。中年人想着以后孩子的问题更觉得头疼。于是，他认为他的人生已经走到了尽头，在为自己的不幸而气愤而郁郁寡欢。

就这样，中年人恍若要见到下世的光景。然而，他的亲戚来看望他时，都百般地安慰他。中年人才觉得心里好受一些。尤其是他的表哥这样对他说："既然弟妹已经去世了，死人无法再复生，你这样悲痛欲绝会有效果吗？要是你因此活不下去的话，弟妹会原谅你吗？想想你们的三个孩子，可喜的是他们现在都长大成人，当他们以后挣钱了，你就可以享福了，为什么要活得这么不快乐呢？你不为你自己着想，也要为你的三个孩子着想啊！"中年人泣不成声。表哥接着说："我觉得我的三个表侄女就挺有出息的，起码他们都考上了大学，现在大侄子、二侄女毕业了，工作了，虽然工资还不高，但未来很乐观，况且你一直疼爱的小儿子，今年就要毕业了，你忍心他将来没有母亲也没有父亲吗？"中年人说："可是，我也不想这样，想想我那可怜的媳妇，就觉得心很疼痛，我不知道怎么再活下去了。"表哥镇静了一下，说："你这样生气、埋怨有用吗？你去了你的孩子怎么办？他们都工作了，将来你家四世同堂，何尝不乐，何必因为妻子的去世让自己完全看不到未来呢？""可是，"中年人说到半截又把话语咽了回去。表哥又耐心地劝说着。

就这样，中年人觉得他的未来还有盼望，起码他还有三个孩子即将成才。中年人想着想着，不知不觉地擦干了眼泪，他要振作起来，以感恩的心去迎接接下来的日子。

我们便得知，天灾人祸这些不幸是常事，要学会去接受。
还要感恩逆境，这会让我们走出低估，苦尽甘来。

## 不幸之后，你还会这样领悟

1. 幸运还是不幸，是感恩的问题，感恩会让我们活得潇洒，渡过难关；

2. 不要总与别人攀比，要看到自己的好处，才会心满意足地走完这一生；

3. 恨、愁、抱怨等就没有必要，感恩会让我们成为人格高尚的人，即便会有不公平，也会显得那么微不足道；

4. 感谢所有、感谢一切，付出了温暖，得到的也更为充实。

# 一辈子的守候

有一首诗："君生我未生，君死我未死。恨不与君生，年年相慕面。恨不与君死，黄泉长相见。"意思是说：您出生的时候我还没有出生，您去世的时候我还活在世上。多么想和你一起出生啊，那样我们每年就可以见面；多么想和你一起去世啊，那样即使我们活着的时候不能在一起也要死后相依偎。

关于这首诗，有这么一则故事：

一位少女爱上了一位比她年龄大的男人，对他可谓是情有独钟。少女也希望能和他相守一辈子，但是，在她还没有和他办理结婚登记手续时，他被查出患有绝症。他让少女寻求一个好男人嫁了，少女泪流满面地说："今生能遇到你，是我的幸运，即便是孤苦一辈子，我也认了！"

后来，那位男人离世了，少女并没有再嫁。她到了其他的城市，一辈子默守着那份感情！

有人说，这位少女太傻了，这是何苦呢？但要是他对爱情不忠，更会让别人不齿了。

尤其是当我们到老后会发现，一辈子有一个人值得守候也值了。

同样，也有一位"苦命"的女人：

有一位大学生暑假里去做兼职，辅导一个小学生。小学生家住在风景秀丽的郊外，大学生常常骑着自行车来到郊外小学生的家。

一次偶然的机会，小学生的堂姐路过他家的窗户，听到楼上隐隐约约有人在教小孩子读书的声音，就侧耳聆听。那种声音简直美妙极了，铿锵而又有力。堂姐就借助给小学生送水果的机会，想看看到底是谁的声音那么富有磁性。这样不见也好，一见大学生和堂姐顿时都有好感。堂姐感觉脸上发红，赶紧放下水果捂着脸就跑开了。经打听，那个教书的先生是堂弟的家庭教师，在市里上大学。在了解了他的情况之后，堂姐觉得好像对他坠入了爱河。于是，堂姐每当想念那个人的时候，就抽空借着看望堂弟的理由去看望他。渐渐地，大学生和堂姐熟悉了。他们无所不谈，在谈到终生伴侣时，堂姐说她非眼前的人不嫁，大学生心里一怔，顿时明白了堂姐的意思，也笑着随着附和，他非眼前的人不娶。

就这样，大学生和堂姐渐渐地亲近了起来，有了感觉。后来，大学生毕业后就离开了那个城市，而没有事先告知堂姐。大学生以为他和她的感情不会再延续下去了，然而让大学生感到意外的是，堂姐却找到了他的家。看到家里一穷二白、徒有四壁，堂姐并没有打退堂鼓。她对大学生的母亲说，她和大学生已经相恋多年了，她要生生世世和他在一起。大学生的母亲也非常喜欢眼前的这位未来的儿媳妇，告诫儿子要好好地对待堂姐。

他们在农村幸福地生活了一段时日。后来，由于工作的原因，大学生被调到另外的一个城市教书。在离别的时候，堂姐说她会好好地照顾他的母亲，等待着他的归来。大学生含着泪，谢过堂姐就离开了。

谁知，这一去大学生就难再回来了。虽然一开始也和堂姐通信，但渐渐地就断了往来。而堂姐依然在照顾着大学生的母亲，她相信终有一天她的未婚夫会归来。

而大学生，在另一个城市教一段日子书后，决定谋取更大的发展，他来到了离家更远的地方，打算白手起家，创立一番事业。然而，大学生的想法是好的，只是起步初，步履维艰。在大学生几乎无法生存下去的时候，一个女孩给了他无私的帮助。这个女孩是这个城里一个有钱人家的闺女，父母虽然已经给她相了亲，但她只独钟大学生。父母疼爱这个女儿，也只好遂了她的心愿。大学生对女孩说，他已经有了心仪的对象了。女孩却说，她不管，她要代替他的未婚妻在外面照顾他、体谅他。后来，经打听，他的未婚妻的名字、家境等，女孩也学着大学生未婚妻的样子用她的名字、用她的语气等。

起初，大学生不习惯，但渐渐地，大学生就把女孩当作了自己的原未婚妻看待了。大学生以为，他家中照顾他母亲的那位未婚妻可能已对他死心了，然而，当他打听到他的未婚妻还在深爱着他时，大学生决定回家，去娶他的未婚妻。但是，大学生身边的女孩却眼泪“啪嗒”，她哭着让大学生把她当成自己的未婚妻看待，她会像妻子对待丈夫一样为他付出所有，她请求大学生不要离开她去娶别的女人，反正现在那个未婚妻也不知道大学生的境况，说不定时间长了，就会忘记大学生，去寻找另外一个人嫁了。大学生耳软了，听信了女孩，只好暂时搁浅了回家的念头。

为了永远挽留住大学生，这个女孩告诉大学生他的未婚妻已经嫁人了，而且和大学生的母亲商量好只要她不泄露未来儿媳妇的底细，这个女孩就会无私地为大学生付出。虽然大学生的母亲不情愿，但是想想儿子在外也不容易，身边的儿媳妇苦苦等待儿子不归，就暂且答应了女孩的要求。

大学生以为未婚妻真的嫁人了，渐渐地淡忘了对她的印象。而当初那个堂姐，在大学生母亲的劝解下，就是不相信大学生已经失踪了，她依旧要等待，哪怕只有万分之一的可能，也要等待着大学生的归来。大学生的母亲伤心地说，不要再等他了，赶紧寻找自己的幸福吧，不要误了自己，然而，无论大学生的母亲怎么劝解，那个堂姐就是认死理，一直相信会等到大学生的归来。

大学生的母亲知道辜负了这个未来的媳妇，但为了儿子能在外面过得好，这位母亲不得不含着辛酸隐瞒了事实的真相。

许多年后，这位母亲疾病缠身，在不久就要离开人世时，她把这位未过门的媳妇叫到身边，老泪纵横地说，她感谢她这些年来对她无私的照顾。其实，她的儿子并没有失踪，是她隐瞒了事实的真相，实在不值得原谅。

在明白了事情的原委后，这位未来的儿媳妇决定在婆婆过世后去寻找久违的大学生。大学生的母亲含着泪在这位未来儿媳妇的陪伴下遗憾地离开了人世。

当大学生听说母亲已经过世时，他悲痛万分，决定要千里迢迢为母亲送最后一程，然而，基于种种原因，大学生还是没有见到母亲最后一面、还是没有来得及安葬母亲。

当大学生满面风尘地赶到家乡的时候，他已经找不到那个破落的家了，取而代之的是一栋崭新的房子。经打听，大学生吃了一惊，原来是他的未婚妻在为他和他的家庭默默的付出。

大学生觉得自己被骗了又觉得亏欠未婚妻太多，赶紧冲进庭院，大声地呼喊着未婚妻的名字。她听到大学生在叫她，眼泪已经干了，目光也呆滞了，没想到有一天他会回来。

看到焦灼的大学生，她欣喜若狂，只是说不出话来。当大学生看到她时，“唰”得一下子泪如雨坠，赶紧扑过去抱住她，说这些年来亏欠了她太多，从此以后，会寸步不离那个未婚妻也情不自禁地流下了眼泪。大学生和他的未婚妻终于幸福地步入了婚姻的殿堂。

然而，人有旦夕祸福，三年后大学生因为偶然的车祸离开了人世，留下了那位少妇日日夜夜地思念、追忆着他。她时常夜半醒起，眼中挂满泪珠，她不明白，为什么他要这么早离开她，这一次，他是永远地从地球上消失了。

她无法接受现实，然而，还得活下去，当别人提议让她再婚时，她摇头了，生生世世要等待那个并不可能的郎君归来。

转眼，就是几十年过去了，她已白发斑斑，然而一想起当初在家乡与大学生的一面之缘就回味无穷。只是物是人非，今生有这样一个可恨、可想、可等、可怨的人她也就值得了。

这个故事是真实的，那个堂姐如今已步入晚年，她说，她今生是这么的不幸但又是这么的幸运，有一个人值得她去相守，即便会孤苦一辈子，也是上天的安排。

或许，命苦便会让很多人欲罢不能，不过，有上面的两个故事的印证，你明白了什么吗？你究竟是不幸还是幸运呢？

1. 人们常说“女人是水做的，是最命苦的”，但也有一些风风光光的女人，羡慕嫉妒恨只会让自己更不幸；

2. 无论上天给你安排了怎样的宿命，接受不了可改变，只要最后不沦落于悔痛就行了；

3. 总有些人物的信守让人感动，要有这种信仰，便会活得充足而快乐；

4. 人们说“娶媳妇不要娶那种见异思迁、不忠诚的”，可以得知，守候还会赢得别人的敬重，并不会苦了一生。

# Chapter2
# 因为痛，所以叫生命

因为痛了，所以才知道叫生命。生命正是因为疼痛，人活着才有价值，不然，就可能是一个植物人，毫无意义。

# 因为疼痛，所以活着

先看一则故事：

> 有一个朋友，在一次车祸中幸存了下来。在车祸中，他五根肋骨骨折，还有轻微的脑震荡，幸运的是没有生命危险。经过一段时间的治疗后，他最后终于健康地出院了。他后来在描述车祸的情景时，感慨道："当时车祸来临时，一切都来不及了，我只能感觉到我的胸腔撕心裂肺般的疼痛，我知道我还活着，因为我头脑还清醒，还能感觉到痛，而身旁的司机则一动不动，因为他已经感觉不到疼痛了。"

生命就是如此，因为疼痛，所以你还活着。

是啊，在我们的生活里，多少人在天灾人祸中，绝处逢生；多少人从绝望、灰心、艰困、暗淡的逆境里，重新鼓起勇气，捡回希望，再创人生的光华。他们都在痛苦地活着。多少人在无数次失败中，甚至到了走投无路的地步，但最终还是勇敢地活了下去，并且暗自在为自己鼓动生命潜在的力量，渡过难关，忍辱负重，最后再次重整旗鼓，扬眉吐气；多少人在情场上遭受重大挫折，以致心灰意冷，没有勇气活下去，但是当他知道天上的星星那么多，地上的人儿比星多，何必吊死在一棵树上？何必只为一时的失败，就从此没有勇气活下去呢？他就忍着疼痛，选择继续活下去。

至于生命是什么？生命就是好死不如赖活着；生活又是什么？生活就是生下来活下去。我们因此，生命是活的，就应该好好地活。活着，就可以看到生命的光彩；死亡，就像日落西山，就算有生命的存在，但在人间已经没有了光辉。惧怕痛苦，选择轻生的人，是弱者；活着，感受痛苦的人，才是勇者的形象！

哪怕有再多的疼与痛，只要活着，本身就是一种生命的精彩。

再看一则故事：

从前，一个年轻人在感情上受到了一个很大的挫折，心中痛苦不已。于是，他来到一个教堂，对着耶稣的十字架诉说苦恼，痛哭流涕，而后他决定他要跟耶稣一样，去寻找天堂，因为到了天堂，就像耶稣一样，就算被钉在了十字架上，也不会再感觉到痛苦，而且他还听说天堂很美好，不像现实的生活，就如同地狱，有诸多般的痛苦。

这一切都被教堂的神父听到了，他来到这个年轻人面前，问："年轻人，我可以问你两个问题吗？"

年轻人心想，自己都是要死的人了，就回答神父两个问题吧，于是说："好吧，请说！"

神父问."你说你要到天堂去，可是天堂在哪里呢？"

年轻人回答说："天堂很远，在天边。"

神父又问："天边在哪里？"

"这个……"年轻人回答不出，说："请指点！"

神父说："天堂其实在你心里。"

年轻人诧异："天堂怎会在我心里，我的心里这么痛苦？"

神父说："因为你已被情伤，心里感觉到了无比的痛苦，所以你觉得像活在了地狱里；那么在你没有遭受打击前，是不是很快乐，心里乐滋滋地，感觉就像天堂一样。所以，天堂就在你心里。"

年轻人说："谢谢神父的指点，那第二个问题又是什么呢？"

神父问："你认为的幸福是什么？"

年轻人说："幸福就是爱啊！"

神父说："错！幸福就是你还活着。"

年轻人更加诧异："仅仅活着就是幸福吗？。"

神父说："在这个世界，能活着就已经是幸福的了。很多人来不及享受生命就匆匆地走了，难道你不觉得自己是幸福的吗？"

年轻人说："活着是一种幸福，可是我现在很痛苦，简直有种生不如死的感觉。”

神父说：“那你认为的痛苦是什么？”

年轻人说：“痛苦就是没有爱了。”

神父说：“错！痛苦也是你还活着。”

年轻人说：“那我更加糊涂，活着是幸福，活着怎么又是痛苦呢？”

神父说：“生而为人，就是要幸福和痛苦一起，这样才叫作生命。你幸福是因为你还活着，你知道痛苦也是因为你还活着啊，不然你怎么会知道有痛苦呢？”

年轻人说：“我明白了，我应该以感激的心，去面对生活，我所获得的美好的、痛苦的，都是生活赐予我的，所以我是幸运的。也许生活曾经赐予我的，她也有权利收回。感谢神父，我决定勇敢地活下去，继续生活在这里，我会珍惜我所拥有的。”

窗外，阳光明媚，暖风习习，年轻人大踏步地走出教堂，决定好好地活着。

可见，只有好好地活着，一切才有价值。就无论是痛苦还是幸运，都有必要好好地接受了。

因为疼痛，所以你还活着！

1. 海鸥孤独地在大海上与狂风暴雨搏斗；鲑鱼逆流而上，破腹牺牲，也要坚持到最后一口气，到达最终的源头；一叶孤舟，因为经历痛苦，才会有胜利的希望；

2. 不管你现在是穷途潦倒，还是工作上、情感上失意，只要你拥有了鲜活的生命，就能够重生、能够再起；

3. 惧怕痛的人是懦夫，不惧生命的痛苦，才是勇者，只有这样，人的一生才能潇洒自如，活得快活；

4. 人“活”着就会拥有活力，充满生气、才能散发出生命的喜悦与希望，才有战胜一切痛苦的勇气。

# 忘记了疼痛，活了过来

先看一则发生在我们身边的故事：

林素娜曾经是一个优秀而又骄傲的女人，然而，有一天，不幸光临她了。在一次大火中，她的下半身被烧伤。时间一长，下半身溃烂，散发出恶臭味。这时，她再也控制不住自己的情绪，几乎疯了，脆弱得像一个一碰就碎的瓷器。本是最需要安慰的时候，她的男朋友却选择离开她。

所有的人都认为林素娜会坚持不下去，然而，出乎大家意料的是，面对男朋友的离去，她并没有责怪他，而是红着眼睛微笑着面对他人。

每当看到她的伤用纱布包起来，然后再一层层地揭掉，每天要这样几次换药，她疼痛难忍，病房里充盈的全是她痛苦呻吟的声音。

几天之后，医生也不忍下手了。

这时候，林素娜咬紧牙关对医生说："您们不敢放开胆来撕，我来撕。"于是，林素娜闭上眼睛，使劲地撕那些纱布，像对待敌人一般。

对于林素娜的坚强，医生们赞叹不已。又经过一段时间的调养，林素娜的伤势得以好转，她这时候不再是大声地叫喊着撕那些包扎伤口的纱布，而是没有一点痛苦的表情了。最后，她痊愈了。

当朋友都来恭贺她出院时，有一个朋友惊奇地问："素娜，你是怎么熬过这几乎是世间最难忍的疼痛的？"

林素娜微笑着说："一开始，面对这些疼痛，我会哭、会叫、会喊、会骂别人，但这些反而加重了我的痛苦。我才知道，这些疼痛发生在我身上，只有我才能感知，发泄到别人身上只能是徒劳无功、让别人笑话。我便开始去承受、去忘记。我战胜这些疼痛的方法很简单，也就是把这些疼痛分成若干部分，告诉自己，每过一个部分就胜利了一步，我发现我便能坚持下去了，便在有计划地忘记、战胜病痛了很高兴我活了过来。"

如果你还不怎么相信，再看一则真实的故事：

吴泽凯是一名警察，在一个案件中，因为勇敢阻击抢劫犯而被歹徒用枪伤到。当时，子弹从他的太阳穴射了进去，因此，他的大脑几乎全被毁了。

吴泽凯的妈妈听到这个伤心的消息后，立即赶到医院。然而，躺在医院里的儿子已经是植物人了。她不敢相信这个事实，两天前，儿子还生龙活虎地站在她面前，而如今却一直闭着眼睛，而且可能永远都闭着眼睛。

吴妈妈虽然伤心欲绝，但仍然没有灰心丧气，而是一直陪着他，吃睡都在他身边，嘴里一直喃喃道："儿子，你坚毅些吧，你坚毅些吧!"

一个星期后，吴泽凯的肌肉因为血液流通不畅而开始萎缩。尽管如此，吴妈妈仍没有放弃他，而是开始每天给他按摩肌肉。晚上天气寒冷，吴妈妈为了给儿子增加温度，就把儿子疼痛难忍的腿放在自己的怀里温暖着。

吴泽凯一直处于半昏迷半醒的状态，当医护人员无可奈何时，吴妈妈却发现——每当她喊儿子的名字时，儿子的心脏都会跳动一下，而且表现得非常明显。这足以说明吴泽凯已经有了感应。当医生得知这一结果时，他们也称之为医学界的奇迹。

吴泽凯半昏睡了一个月后，有一天，吴妈妈在给他揉完腿以后，就开始给他讲他小时候的事。吴妈妈在讲到动情之处时，还激动地流下了泪水。这时，她忍不住问："孩子，你听见妈妈的话了吗？如果你听见了，就眨一下眼睛，好吗？"

吴妈妈的话刚说完，吴泽凯的睫毛就动了一下，他的眼角处还流出了一滴泪水。吴妈妈又创造了一个奇迹。后来，他渐渐地苏醒了过来。

半年之后，医生便让吴泽凯下床练习走路。在两个医护人员的帮助下，吴泽凯慢慢地下了床。不过，他的腿几乎没有了知觉。吴妈妈便双膝跪在地上，先轻轻地挪儿子的左腿，再轻轻地挪儿子的右腿，如此反反复复。

八个月后，吴泽凯可以走路了。一年后，吴泽凯可以开口说话了，但只是重复着一个字："妈，妈，妈……"

虽然这样的故事已屡见不鲜，也是老生常谈，但每一个这样的故事都能让人感动良久。尤其是当这样的不幸发生在我们身上时，我们能否以阳光的心态活下去呢？

闲话便不多说了，只希望我们能从中深有领悟，能忘记不幸带来的疼痛，活出精彩。

1. 即便某一天会痛苦不堪，也要勇敢去面对，会熬过不如意，翻开崭新的一页；

2. 忘记不快的，铭记那些让人温馨的场面，就会在心中涌动一股正能量；

3. 活下去、很好地活才是希望、才能有能力去改变；

4. 当命运交给了我们一个烂摊子，要收拾得井井有条，做生活的强者，这样的话不光别人会悠然生敬，连上天也会叹服，开始给你送来幸运！

## 痛，让你的灵魂升华

德国哲学家尼采说："极度的痛苦才是精神的最后解放者，只有此种痛苦，才强迫我们大彻大悟。"德国文学家歌德说："让珊瑚远离惊涛骇浪的侵蚀吗？那无疑是将它们的美丽葬送。痛苦留给的一切，请细加回味！痛苦一经过去就变为甘美。"台湾作家李敖说："能吃苦的人受半辈子苦，不能吃苦的人受一辈子苦。"

所以，熬过了痛苦就能等来幸福、走过了冬天就能迎来春天。而在人生的旅途中，如果一个人总是处在一帆风顺中，那么就极易安于现状，消磨斗志，因而也就失去了创造力；而但，当一个人遭受到了痛苦，为了摆脱厄运就会发奋图强，此时他便会调动起全身心的潜在能力去创造和反抗，从而才可能有所成就。

痛苦可以教会我们坚强、忍耐、勇敢、承受、等待……让生命变得更加坚忍、更加顽强、更能承担命运、更能发挥力量！

当你面对痛苦时，领悟不同，对困难、对生命、对人生的理解，也就有了不同层次的诠释。

第一层应是一种最肤浅的领悟——痛苦就等于不幸。

痛苦确实能给人带来折磨，因而有的人在痛苦来临时，只能感到难过、忧郁、彷徨、郁闷，他们觉得自己是世上最不幸的，人生一片灰暗，因而怨天尤人，牢骚满腹，叹息命运不公、世事艰难，既没有勇气在自己身上找出缺点教训，又没有勇气正视痛苦。结果只能在痛苦中沉沦！

在这样的理解中，痛苦仅仅是痛苦，当然，也还是绝望的代表、是地狱的引路人。

第二层是一种豁达的领悟——痛苦等于磨炼。

这种理解最有代表性的就是孟子的“天将降大任于斯人也，必先苦其心志，劳其筋骨，饿其体肤，空乏其身，行拂乱其所为，所以动心忍性，增益其所不能”。

有些人把痛苦当成激励自己前进的原动力，他们在痛苦中鼓起生活的勇气，学会战胜困难的方法；在痛苦中磨炼自己百折不挠的意志，“吃得苦中苦，方为人上人”，使自己变得越来越坚强，进而激起自己百折不挠的勇气去战胜困难，在奋勇登攀中去谋求新生，达到胜利的彼岸。

在这样的理解中，痛苦依然是痛苦，但确是磨炼的课程、是希望的代表。

第三层当是最深刻、最彻底的领悟——痛苦等于财富，让你的灵魂感受生命的真谛。

痛苦就是我们生命的一部分、是我们成长的动力，既然我们都懂得人生应该善待生命，享受生命的乐趣，那我们就同样要懂得人生要尊重困难、感谢痛苦，并享受痛苦带来的成长和磨砺！

来看一则故事：

1800 年，贝多芬经过刻苦的学习终于在 4 月举行的作品音乐会上确立了其作曲家的地位，可此时，他的听力却逐渐在衰退。

1802 年，因耳聋的恐惧和失恋，他竟有自杀的冲动，后来他克服困难，重振精神，继续作曲。此后 10 余年，贝多芬经历了思想和生活的激烈动荡，到 1819 年完全失聪。晚年生活仍多不幸，疾病缠身，经济困难。

然而面对痛苦的重重打击，他却说：“痛苦能够毁灭人，受苦的人也能把痛苦毁灭。创造就需痛苦，痛苦是上帝的礼物。卓越的人一大优点是：在不利与艰难的遭遇里百折不挠。”

正是这种不屈服于痛苦，并怀着感激的心态，使他在失聪后仍写下了第三至第八交响曲，第四、第五钢琴协奏曲、《庄严弥撒曲》、第九交响曲等传世杰作。

贝多芬一生与痛苦和命运博斗，永不低头，对人生的感触极深，极大地领悟了人生的意义，因此在作品中融入不少前人不曾想象的深刻感情，处处充满了自信。

可见，是痛让我们的灵魂升华，于是，我们就要正确、勇敢地去面对疼痛了。

1. 人生旅途，是痛苦与幸福相依的过程、是挫折与成功交织的经历、是忍让与自律的心境、是淡泊与激奋的交织；

2. 不要慨叹人生太辛苦，在人生的道路上，没有荆棘密布的丛林，又怎会有坦荡的阳光大道？没有暴风雨的洗礼，又何显雨后彩虹的绚丽？

3. 要感激痛苦，因为痛苦是人生中的宝贵财富，只有在痛苦中我们才能真正走向成熟；

4. 痛苦是人生最好的大学，从这所大学走出来的人，会更加懂得生活，珍惜生活。所以面对不愉快不要埋怨、不要悲观。要知道如何感激，感激那些给予你伤痛的人、感激他们让你更快地成长。

# 忍住疼痛成为箫

下面的这个故事，虽然简单的只有几百字，却会让我们受益终生：

有一个工匠拿着尖锐的刀，来到竹林里，在一根竹子身上使劲地削刻、穿洞。竹子痛得“哇哇”大哭，央求说：“求求你住手吧，我实在承受不了了！”

工匠说：“真的很痛苦吗？真的承受不了了吗？”

竹子说：“是啊，太痛了，简直是在炼狱，求求你到此结束吧！”

看着苦苦央求的竹子，工匠长长地叹了一口气，说：“你这根竹子，真不识好歹啊！竹林里那么多竹子，为什么我单单挑中了你？要知道，只有你才能经过削刻、穿洞成为一支价值连城的箫，如果你忍不住这些疼痛的话，你注定将是一根普通的竹子。”

“可是，工匠先生，真的很痛啊！我怕我承受不了就已经死掉了。”

工匠说：“不经过一番痛彻骨怎能有新的蜕变？难道你想一生做一根很普通的竹子吗？”

竹子沉默了，不知说什么了。

工匠接着说：“要想蜕变，你就要忍住蜕变前的疼痛。就像毛毛虫，不经过脱茧的蜕变就不会成为飞蛾一样。你可以想象你成为箫后那种美妙的情景。”

竹子听了工匠的话，眼前仿佛浮现了自己被奏出悦耳的声音，有很多人在它面前轻歌曼舞，竹子高兴极了，但一想起被削刻、穿洞的疼痛还是犹豫不决。

工匠说："别犹豫了，你再犹豫我就去挑选其他的竹子了。"

看到工匠转身要离开，竹子马上喊住他："别，工匠先生，我愿意忍住疼痛，为成为箫忍住巨大的疼痛。"

工匠终于笑了，而这根竹子也成了一支有用途的箫，摆脱了在竹林里默默无闻、无人欣赏的日子。

的确，工匠说的话很对，只有经过痛彻骨，才有新的改变。而当我们遇到特别承受不了的事情时，如果是脱胎换骨前的蜕变，也要忍受下去，要知道：不经一番寒彻骨，哪得梅花扑鼻香？你现在受苦是为了将来享福，现在受的苦越多将来就会越幸福、越醒悟。

1. 因为痛，所以叫生命。多痛苦一下，才会更坚强、更有责任和担当，不然，无痛无痒，就一生过得没滋没味；

2. 人活着就要面对一些痛苦，恰恰是这些凤凰涅槃般的痛苦，才能升华一个又一个人生；

3. 要感谢痛，是痛让我们更有领悟；

4. 不痛便不是生命，有痛才能知道还是一个活生生的人；要接受痛，容忍痛，并让这些痛成为一笔不可或缺的财富。

## 结果的梨树

最近，和台湾的一位朋友聊天，他的故事着实让人感动，他的名字叫阿成。

下面，让我们一起来重温一下他的经历吧：

阿成出生于20世纪60年代末的屏东，他的爸爸是一位雕塑家。阿成和爸爸、妈妈虽然生活得平淡，但也快乐。

一天，爸爸对年仅五岁的阿成说："爸爸要到台北去发财，等赚钱了回来接你和妈妈。"阿成问："要到什么时候呢？"爸爸指着院子里的那棵梨树苗说："等它结果了。"

从此，照顾梨树、等待爸爸归来便成了阿成唯一的愿望，可是，五年过后，梨树结果了，爸爸却没有回来。又等了一年，爸爸还是没有回来，这时候阿成认为爸爸可能是因为太忙，所以更满怀希望地照顾着梨树。当梨树第三次结果的时候，爸爸还是没回来，这时候邻里说他爸爸可能不会回来了，阿成有点灰心了，但决定再给爸爸一年的机会。当梨树第四次结果的时候，爸爸还是没有回来，这时阿成气愤极了，跑到院子里，抡起斧头将那棵梨树砍倒在地。

15岁时，妈妈染上了风寒，在最需要人照顾的时候，还是不见爸爸的踪影，不久后，妈妈离开了人世，阿成便决定要报复爸爸那个负心之人。

17岁时，在邻里的支持下，阿成到台北去找爸爸。当按照爸爸曾经寄信的地址找到爸爸曾经工作的单位后，听这里的阿嬷说他爸爸在七年前就去厦门了。厦门？阿成不知道爸爸为什么会忍心这么抛妻弃子，到那么遥远的地方去。

为了弄清原委，阿成决定去厦门，便去基隆港打工，一年之后，有到了乘轮船去厦门的机会。

到达厦门之后，阿成几经周折，终于打听到了爸爸的消息。原来他的爸爸要举办一场著名的雕塑展，阿成崩溃了，决定要在雕塑展上当着众人的面揭露他爸爸丑恶的行径，以便为自己的妈妈讨回公道。

可当他在雕塑展厅看到了满脸沧桑、布满皱纹的爸爸后，阿成的心一下子软了，更让他想象不到的是，爸爸面前放着一辆轮椅，轮椅上坐着一个满头银发的老太太。只见他爸爸在老太太脸上亲吻了一下，便推着轮椅走向了远方。

阿成不明白，从宾客那里他得知了事情的真相。原来，那位老太太是父亲的亲生母亲，她患上了绝症。父亲是经过多么大的内心挣扎，才痛苦地舍弃了妻儿，毅然地承担起照顾生母的责任。父亲想要通过举办雕塑展卖出的钱，来给生母做最后的手术。此时，阿成的心异常矛盾，但是，他还是不能够原谅父亲，带着复杂的心情，悄悄地离开了展会。

几年之后，父亲在厦门去世了，他的遗体停放在医院中，等待他的亲人前来把他的遗体拉回去安葬。在父亲的遗嘱中，他要和妻子葬在一起。

得知这个消息的阿成回到了屏东，扑到妈妈的坟前抱头大哭。当他来到多年不曾进的家里后，看到很多人围在一起，有人说愿意出一千万台币买下这座院子。阿成很奇怪，推开人群，看到院子里多了一棵梨树，上面挂满了梨子。走近一看，才知道这是一件美轮美奂的雕塑作品，简直跟真的一模一样。

这是父亲的最后一件作品，他并没有抛弃阿成和妻子，而是一直尽着作为父亲、丈夫的责任。

怀着种种愧疚感，看着梨树上的累累果实，阿成转过身，决定再回到厦门。

当阿成第二次来到厦门之后，才知道父亲原来是厦门人，这里有生他养他的故乡和亲人，阿成听着听着，禁不住泪水在眼眶里打转。但还是要按照父亲的遗愿把父亲的遗体运回到屏东，和妈妈葬在一起。

当安葬了父亲以后，阿成决定要到厦门，因为父亲在厦门为他留下了宅子。在宅子里有一颗漂亮的梨树，每逢秋天的时候，梨树结果了，阿成就会情不自禁地想起父亲。

转眼，阿成四十多岁了，当他再来屏东祭拜父母的时候，奇怪地发现父母的坟旁栽了一棵梨树。原来是镇长所为，他的父亲已经是在当地颇让人敬重的雕塑家了。阿成看着当地的孩子们对父亲的敬仰，又禁不住泪水在眼里打转，而此时已时至2013年冬天。

如今，已近半百的阿成每每想起这些经历就禁不住泪流满面，他说，他不再怨恨他的父亲了，而且要一直感谢父亲，是父亲给他上了一堂有意义的课。

阿成希望无论人生之路多么颠簸，都应该活出自己的精彩。他还告诫那些在“水深火热”中的人们，正是这些不幸，才能让你的人生更有价值，终有一天，你会明白：痛了，才会无怨无悔。

1. 当遭遇到父亲的舍弃，明白了他的苦衷，他便值得原谅了；

2. 我们现在少年多磨难，就会后来感谢这一份历练，因为这份痛，会让我们更为睿智；

3. 成长的道路上，难免会遇到很多不测，当某一天明白了事情的原委，才发现，是那么值得感动；

4. 对于亲朋的背叛要去容忍，这会涵养我们的胸怀，更能应对更大的打击，做一个不倒翁式的人。

# 因失意才让你伟大

西汉史学家司马迁说："文王拘而演《周易》；仲尼厄而作《春秋》；屈原放逐，乃赋《离骚》；左丘失明，厥有《国语》；孙子膑脚，《兵法》修列；不韦迁蜀，世传《吕览》；韩非囚秦，《说难》《孤愤》；《诗》三百篇，大抵贤圣发愤之所为作也。"是要告诉我们：受磨难而奋进才是身处逆境的哲学、要正确对待实现理想过程中的逆境！此外，还有宋朝的苏东坡被贬黄州，将失意放在一边，踩在脚下，吸天地之灵气，得山川之厚赠，写出千古不朽的前、后《赤壁赋》《念奴娇·赤壁怀古》。

便得知，人生会有很多失意，有职场上的、情场上的、官场上的。无论是哪种失意都在一定程度上摧残了人的意志，让人志气消沉，然而我们该如何对待这种失意的人生呢？

古人云："人生不如意事十之八九。"在人的一生中难免会遇到种种失意，但此处失意，并不代表在彼处也是如此，关键是我们以什么样的心态来面对失意。如果是以消极的心态对待，那么心情将会更加失意；如果是以积极乐观的心态对待，那么心情将会逐渐走出阴霾、走向阳光。

你要相信一切失意都不过是人生必经的磨炼，只要要相信没有过不去的坎，你便会走出失意，走向成功。

来看一则故事：

有一个快递公司的年轻人乘飞机去别的国家送邮件，当飞机飞到大海上时，突遇风暴，飞机顿时失去控制一头栽到了海里，其他的人都死了，只剩下他还活着。

他游了很久却始终看不到岸，这片茫茫大海，前看不见头，后看不见尾，后来他被海浪冲到了岸边，睁开眼一看却是一个荒无人烟的小岛。上面除了有很多的椰子树，连一个动物都没有，更别说有人了。

一下子难以接受现实的他过了很长时间才反应过来，但他还是抱着一线希望。他看到那些邮递的物品，于是打开来，用它们砍树木取火，制造工具。

这位当代的“鲁宾逊”，每天都翘首看着海上，希望有船来将他救出这个荒无人烟的小岛。然而，很不幸，他盼星星盼月亮，就是没把船盼来。

岛上没有吃的也没有喝的，在最初忍了几天之后，他再也受不了了，于是他想到喝椰子汁，找螃蟹吃，这样勉强可以支撑一下。

他的心里开始崩溃了，一想到自己以后要在这个荒岛上度过余生，他就一阵阵恐惧。那样的话就再也见不到自己心爱的妻子和孩子，他简直要疯了。好在他还有随身携带的家人照片，他看着照片决心寻找回去的路。

于是他开始砍伐树木，造船，他不分白天黑夜地干活，为的是在涨潮前出发。后来船造好了——那是一艘用树干拼起来的只有底板的简单船只，上面只能容下他一人。他在海上颠簸了整整两个月，有好几次差点被海浪打进海底，还有几次差点被鲨鱼吞噬，他顽强地与大海搏斗着，终于靠着坚强的毅力划了出去。

可见，失意并不可怕，它反而会让你变得更强大、更伟大。

我们要在失意中创造出一定价值，而且最终会因为这份拼搏得到命运之神的垂青。

1. 逆境是天才的进身之阶、信徒的洗礼之水、能人的无价之宝、弱者的无底之渊；

2. 面对失意，鼓起勇气，勇敢面对，才能将失意转化为动力，兵来将挡，水来土掩；

3. 人的一生中难免会碰到种种失意的事，此处失意，并不代表在彼处也是如此；

4. 坚强地相信自己能战胜失意，会因为这份失意让你变得更为伟大。

# 苦痛是上帝的礼物

每个人都羡慕珍珠那光彩夺目的美丽，可是谁又想过它在诞生过程中，蚌所经历的那漫长的苦痛。然而，生活中，我们好比那一个个含珠的蚌，必须忍受沙砾的无数次磨砺，才会一点点让晶莹的泪滴凝聚成一颗光彩夺目的珍珠。

其实，人类的形成也是如此。一个新的生命的诞生，必须要经历漫长而撕心裂肺般分娩的疼痛。因为疼痛，才带来了新生命的。由此可见，苦痛是上帝赐予你的一份最好的礼物。

在我们人生的道路上，不是每一段都会洒满阳光、充满诗意，也会遇上沼泽、寒风或面临荆棘丛生的小道。也许你因为某场灾难而伤身毁容，并且遭到了恋人的无情抛弃；或者屡考公务员不就，却招来同事们的闲言碎语；也许你久病不愈，却一个人孤零零地躺在床上；或者你已经改正错误了，却依旧被领导、同事冷落挖苦。此外，经济的拮据、错误的处置、意外的不幸、一时的误解都可能使你处于一时的逆境之中。这些生活中的苦痛，应该是当下时代人的一堂生命必修课题。

可见，生活不会给人贴上永远幸运的标签，每个人面对苦痛的选择却意志殊异。懦弱者尽尝烦恼，度日如年；畏难者磨去锐气，把苦痛作为安逸的摇篮；只有有志者自强不息，在面对似乎是毫无希望的境遇时，在苦痛的荒野上开垦孕育成功的沃土，把苦痛看作是上帝赐予的礼物。

苦痛可以让一个人清醒，在执迷不悟中醍醐灌顶。在苦痛中，人常常能“冷静地看世界”、能在痛苦中痛定思痛——会比较客观地分析自己的利弊长短、成败得失、优势和不足，并能够在较短的时间里选定聚焦突破的方向。

另外，苦痛还可以培养一个人难能可贵的意志力。长期的苦痛和不幸可以磨炼出一个坚强的生命，培育出耐心、恒心、韧性和悟性，让你的灵魂富有生命的活力。

来看一则故事：

在一所大学的礼堂里，一位著名的企业家正在进行一次演讲。这位企业家有着非凡的成就和他传奇般的人生，因此，大礼堂下挤满了慕名而来的学生。

在演讲过程中，最为精彩的部分就是企业家讲到了他那艰难的创业史，那些接二连三的挫折与磨难，那一次次置之死地而后生的传奇般的故事，让台下所有年轻的大学生们感叹不已。

最后，企业家对他的人生做了一个总结。他说："苦痛其实是人生的一笔财富，也正是苦痛造就了今天的我。假如把我创业过程中经历的几次苦痛明码标价的话，那么每次苦痛都要价值千百万元。"

企业家刚说到这里，不料一位听众突然打断了他的话，问："先生，你说苦痛是财富，书上也说苦痛是财富，可是我现在正承受着苦痛，却觉得它不但一文不值，而且简直就像个魔鬼，它把我的自尊、事业、财富、爱情都毁了！"这个人的话在听众之间产生了共鸣，他刚说完，便又有人发问："先生，这个世界上不知有多少人在苦痛的折磨中默默死去，难道对他们来说，苦痛也是人生的一笔财富吗?"企业家听完类似的问话后笑了，然后讲了一个故事：

有一位著名的航海家，立下雄心壮志，要独自完成漂流大西洋的壮举，这在当时是史无前例的。有媒体记者说："如果航海家漂流成功，他的名字将永载史册，而且出一本记录生存体验的书，将会带来几千万元的收入。航海家雄心勃勃地出发了，在大海上他凭着经验、智慧和信念，一次次和暴风雨搏斗；和饥饿、疲劳搏斗，战胜了一次次苦痛，闯过了一道道险关。

可是，漂流了十几天，他看不到一丝希望。不久，在一次和暴风雨搏斗时，他的指南针不慎掉进了大海，他只能凭着经验辨认方向。20 多天过去子，他仍看不到陆地的影子。航海家开始怀疑自己的判断力，他认为自己是在海上无意义地兜圈子。精神的疲倦、体能的下降、信心的丧失，渐渐地使航海家失去了继续前行的勇气。但是，这些身体和心理上的苦痛并没有打倒航海家，终于在一天早晨，他突然看到眼前出现了一片陆地。

最后，航海家成功地登上了这片陆地，原来这是一个小岛。后来，为了纪念这位航海家的壮举，人们用航海家的名字命名这座小岛，这是上帝赐予他的一份最好的奖励。

可见，苦痛并不总是不幸，它大多数情况下是上天的考验，是上帝送给我们的一份特别的礼物。

我们便要去接受这份礼物了，因为这份礼物会让我们获得不可多得的财富。

1. 苦痛是上帝赐予我们的一份礼物，它给予了我们力量和勇气；

2. 有志者自强不息，面对似乎是毫无希望的境遇，在苦痛的荒野上会开垦出孕育成功的沃土；

3. 苦痛可以锤炼人不舍之功的长期性，凝就毅力的持久性，培育出耐心、恒心、韧性和悟性；

4. 苦痛是人生的一笔财富，你必须从经历的苦痛中总结出宝贵的人生经验，并靠这些经验彻底战胜苦痛，最终获取成功。

## 被上帝咬过一口的苹果

世上每个人都是被上帝咬过一口的苹果，都是有疼痛的人。有的人疼痛比较大——遭遇的痛苦比别人多，那是因为上帝特别喜欢他的芬芳。而在我们的人生旅途中，每个人都不可能一生都一帆风顺，命运总是会或多或少地给我们一些无法解开的难题。但是，只要我们把人生疼痛看成是“被上帝咬过一口的苹果”，那么，我们的生活就会发生意想不到的转变。毕竟在每个人身上，不如意的事情每个人都会有，这是作为人谁都无法避免的事，不同的是，面对疼痛、面对痛苦，你如何去看待、如何去处理。把人生疼痛看成是“被上帝咬过一口的苹果”，正是由于上帝特别喜爱，才狠狠地咬了一大口。

这时，对比一下周围的很多人，会发现，他们总是在遭受到一点不如意时，就抱怨，开始放弃自己的追求，觉得自己不能脱颖而出，这一辈子就这样没有希望了。事实上，对于每一个人来说，人生不如意事十之八九，不完美是客观存在的，也是每一个人都无法逃避的，但我们无须怨天尤人。我们只要记住：当我们失意时，我们要面对自己；当我们成功时，我们也要面对自己，不管是失意还是成功，我们都要有一种敢于向命运挑战的决心，这样我们就能用坚强鼓舞自己、用知识充实自己、用自己的一技之长来发展自己。当我们走向成功时，我们才会发现生命的可贵之处。成功便在于看到自己的不足并且勇敢地改正它。如果我们能做到这些，我们就能坦然面对一切。

来看一则故事：

瑞尼诺穿上鞋时身高只有1.65米，但他却长期担任菲律宾外长，并且工作成绩显著。以前，他总是觉得自己不如他人，经常为自己矮小的身材而自惭形秽。

为了尽力掩盖这种缺陷，瑞尼诺在每次演说时都用一只箱子垫在脚下，然而结果他仍然没有出色的表现，他很为自己的这种现状而忧虑。有一次，他到法国考察，偶然间注意到拿破仑的蜡像，这时，他心头一惊，因为他发现自己竟然比拿破仑还高。他想："拿破仑能指挥千军万马，能面对众人侃侃而谈，我为什么不能？"

当他这样想的时候，就决定以后彻底改变自我，于是，瑞尼诺扔掉脚下的箱子，并成为一名杰出的演讲家。

后来，在他的一生中，他的许多成就却与他的"矮"有关，也就是说，矮倒促使他获得了成功。以至他说出了这样的话："但愿我生生世世都做矮子！"

1935 年，瑞尼诺被应邀到圣母大学接受荣誉学位，并且发表演讲。在演讲的那天，高大的罗斯福总统也是演讲人。在那时，许多美国人还不知道瑞尼诺是一个什么样的人。在那场演讲中，瑞尼诺取得了巨大的成功。事后，就连罗斯福总统也笑吟吟地怪瑞尼诺"抢了美国总统的风头"。更值得回味的是，1945 年，联合国创立会议在旧金山举行。瑞尼诺以无足轻重的菲律宾代表团团长身份，应邀发表演说。讲台差不多和他一般高。等大家静下来，瑞尼诺庄严地说出一句："我们就把这个会场当作最后的战场吧！"这时，全场顿时寂然，接着爆发出一阵掌声。最后，他以"维护尊严、言辞和思想比枪炮更有力量……唯一牢不可破的防线是互助互谅的防线"结束演讲时，全场响起了暴风雨般的掌声。后来，他分析说："如果大个子说这番话，听众可能客客气气地鼓一下子掌，但菲律宾那时离独立还有一年，自己又是矮子，由我来说，就有意想不到的效果。"从那天起，小小的菲律宾在联合国中就被各国当作资格十足的国家了。

可见，每个人都会有残缺，都是被上帝咬过一口的苹果，要正视这种疼痛，才能有转机。

生命会因为疼痛得更为茁壮地成长！

1. 上帝决不肯把所有的好处都给一个人，给了你美貌，就不肯给你智慧；给了你金钱，就不肯给你健康；给了你天才，就一定要搭配点不幸；

2. 把人生疼痛看成是“被上帝咬过一口的苹果”，正是由于上帝特别喜爱，才狠狠地咬了一大口；

3. 有的人疼痛比较大——遭遇的痛苦比别人多，那是因为上帝特别喜欢他的芬芳；

4. 人生正是因为有了缺憾，才有了转机，所以缺憾未尝不是一件值得高兴的事。

# 怀着感恩，去感受生命的疼痛

当一粒种子不是落在了肥沃的土壤，而是落在了砖堆瓦砾中时，有生命力的种子决不会悲观和叹气，因为有了阻力，才能磨炼；有了成长的疼痛，才可以茁壮。因为它能经得起风雨，有生命的韧性。

其实，每一种生命的诞生，都必须要经历痛苦的磨砺。所以，我们不应该去畏惧这些疼痛，抱怨这些逆境，而是要怀着一颗感恩的心，在不幸中坚强不息，乐观豁达。

感恩是一种歌唱生活的重要方式之一。只有心怀感恩，我们才会觉察到困境中生活的美好。而懂得感恩，人生便有了更深沉的爱与更灼热的希望，激励自己不断地去奋斗，奋发图强。

然而在现实生活中，很多人都有一种“通病”：当接受别人帮助后很少会产生一种感恩的心理，甚至连起码的“谢谢”都懒得说，这种冷漠足以刺痛每一个施恩者的心。

这个世界对他们来说，永远没有快乐的事情，高兴的事被抛在了脑后，不顺心的事却总念念不忘，挂在嘴边。每时每刻，他们都有许多不开心的事，当他们不停的抱怨时，不仅把自己搞得很烦躁，同时也把别人搞得很不安和郁闷。就像有些人把一切美好的事物视为理所当然、视为他们有权利得到。因此他们从不会感谢谁，而一旦情况发生了变化，无论是天灾还是人祸，他们都认为是冒犯了自己的利益，而快快不乐，甚至勃然大怒。

来看一则故事：

黄叶轩一出生就患上了脑性麻痹，这个病夺去了她肢体的平衡感，也夺走了她发声讲话的能力。从小她就活在肢体不便及众多异样的眼光中，她的成长充满了心酸、痛苦。

然而她昂然面对一切不可能，最终获得了台湾大学艺术博士学位。

在一次演讲中，一个学生问，“请问黄博士，你从小就长成这个样子，请问你怎么看自己？你没有怨恨吗？”

“我怎么看自己？”黄叶轩嫣然一笑，在黑板上龙飞凤舞地写了起来：

我好可爱！我的腿很长很美！爸爸、妈妈这么爱我！上帝这么爱我！我会画画！我会写稿！我有只可爱的猫！还有……

教室内鸦雀无声，没有人讲话。她回过头来看着大家，再回过头去，在黑板上写下了她的结论：“我只看我有的，不看我所没有的。”

“只看自己有的，不看自己所没有的”，并且用一种欣赏的、满足的，甚至赞叹的眼光去看自己所拥有的一切，这就是一种使生活变得更加轻松而快乐的智慧。

她对所有人说：“我有一对慈爱的父母，他们全心全意地爱着我；我有几个和睦的兄弟姐妹，他们和我一起长大，我们一直都相亲相爱；我有一个体贴的丈夫；我有一个聪明健康的孩子；我有一些乐于助人的好朋友；我有一份收入还不错的工作；我有一台电脑可以上网浏览世界；我有一杯茶可以细细品味……原来我们拥有这么多的美好，我们应该去感恩生命、感恩上天赐予你的一切，那么，你还有什么会感到不幸呢？”

可见，怀着感恩的心去感受生命中的疼痛，会让我们更勇敢地面对、豁达地处理。

感谢你所拥有的一切吧，无论是顺境、逆境，都是对我们最好的安排，我们所要做的就是学会在顺境中感恩，在逆境中依旧心存喜乐而已。

## 不幸之后，你还会这样领悟

1. 若换一种眼光，去发现一切事物对自己有利、有助的一面，那就会感动，进而感激一切你所拥有的、经历的、遭遇的、得到的，甚至失去的；

2. 在水中放进一块小小的明矾，就能沉淀所有的渣滓；如果在我们的心中培植一种感恩的思想，则可以沉淀许多的浮躁、不安，消融许多的不满与不幸；

3. 不要抱怨一切不如意，可以试着从另一个角度去想，这件事除了给自己带来一些麻烦和不良后果，是不是还带来了一些益处，长此以往，你会变得心态更加平和、乐观；

4. 其实，人生在世，往往会事与愿违，但怀着感恩的心去感受，就会发现生活原来是那么美好，这也是一种真正的处世哲学，也是人生中的最大智慧。

## 旋转的硬币，不幸的另一面是幸福

幸与不幸就像一枚硬币的两面，关键看你如何对待了，当你遇到不幸的那一面时，总在想方设法把不幸的一面旋转过去。如果你把它看成压力，那你就真的很不幸；如果你把它看成是财富，你其实也很幸运。日本企业家松下幸之助便由此有感而发说：“人生没有百分之百的不幸；此一方面有不幸；彼一方面却可能有弥补。‘天虽不予二物，但予一物’。人们不必去强求二物，只要把一物发展好，人生就相当幸福美满了。”

的确，人总会有一些缺陷，因为人不是神，不可能是完美无瑕，因此也就不可能有 100% 的幸运和成功。同样，人生也总是有好运降临的，不会有 100% 的不幸。就某一件事情来说，看似不幸，但其中却可能有 50% 的福气在其中。例如，有一个人缺了一条腿，平时他的活动可能很受限制，但是如果他上电车，大多数的情况下会有人让座。如果他双腿齐全，那么可能就不会有人让座了。如果能这样想的话，就能明白这种缺陷也不见得全是一件坏事。因为这是弥补缺掉一条腿的不幸的一种行为，是存在这种属于自己的意志以外的东西。如此看来，就没有所谓的 100% 的不幸。50% 的不幸是存在的，可是在另一方面就会有 50% 的福分。

所以说，当我们遇到不幸的时候，也要注意到还有 50% 的幸福在等着我们。如果我们能够以这种辩证的观点来看待顺境和逆境，那么我们在遭遇一切大大小小的风雨时，便可以比较坦然，懂得生命旋转的意义。

来看一则故事：

帕格尼尼是世界最著名的小提琴家之一，他技巧精湛，并且一生富有传奇色彩，是音乐史上的一朵奇葩。他的一生遭遇了各种各样的不幸。

帕格尼尼在很小时，就显示出超高的音乐天赋，于是3岁开始学琴；8岁时，他拉小提琴已经在当地小有名气；12岁时，他成功地举办了一场个人音乐会。然而，伴随着成功的光芒，而有谁知道他的不幸经历。4岁时，出麻疹，差点丧命；7岁时患上了严重的肺炎，到了几乎窒息的地步；35岁时，牙齿全部掉光；48岁时眼睛视力急剧下降，看东西模糊不清；50岁时他变成了哑巴。

上帝赐予了他惊人的天赋，同时又给他各种各样的不幸。他把自己长期禁闭起来，每天拉琴10~12小时，忘记了吃饭、忘记了痛苦。

在他的生命中，上帝仅仅给了他两样东西：唯一的儿子和小提琴。他的琴声风靡全球，拥有无数的倾听者，与此同时，更让人敬佩的是他在与病痛的搏斗中，创造了独特的指法和具有魔力的音乐旋律，赢得了全世界音乐爱好者的关注。几乎欧洲所有的文学大师如大仲马、巴尔扎克、斯汤达、肖邦都听过他的演奏并为之激动不已。

著名音乐评论家勃拉兹称他是“操琴弓的魔术师”；歌德评价他“在琴弦上展现了火一样的灵魂”；李斯特赞叹道：“天啊，在这四根琴弦中包含了多少苦难、痛苦和受到残害的生灵啊！”

可见，不幸的一面便是幸运，我们要珍爱这50%的不幸，才能一生过得充实而又自在。

## 不幸之后，你还会这样领悟

1. 不幸可以让人认真思考，并且为了改变这种不幸境遇而不断追求、不断奋斗；

2. 人总是有一些缺陷的，因为人不是神，不可能是完美无缺，因此也就不可能有100%的幸运和成功；

3. 当我们遇到不幸的时候，也要注意到还有50%的幸福在等着我们；

4. 如果我们能够以这种辩证的观点来看待顺境和逆境，那么我们在遭遇一切大大小小的风雨时，便可以比较坦然——懂得了生命旋转的意义。

# Chapter3
# 青春是道明丽的伤

青春，一个美好的字眼，却带着很多伤痕。然而，正是这些明丽、刻骨的伤，让我们青春的花季、雨季更值得回味。

## 青春易逝，父母经不起太多的等待

作家毕淑敏说：“在这个世界上，有一些事情，当我们年轻的时候，无法懂得，当我们懂得的时候，青春已逝去，不再年轻，世上有些东西可以弥补，有些东西永远无法弥补。”

亲情就是其中的一种，一种稍纵即逝的眷恋、一种无法重现的幸福。亲情是一失足成千古恨的往事，亲情是生命与生命交接处的链条，一旦断裂，永无连接，成为生命中永远的一道伤。

于是，我们应该对父母再多一点爱，毕竟他们把最多最深的爱毫不保留地献给了我们。在这个世界上有什么能比父母的爱更朴实无华？有什么能比父母的爱更细致入微？一定要记得对这份爱心存感恩，感激他们无言的爱伴随我们从容地穿行在人间长街、感激他们无言的爱给予我们活着的勇气和理由。

不要当失去时，才懂得最初的美好，才知道悔恨当初；不要在岁月都苍老时，才遗憾今生给父母的爱太少。有些人和事就在身边，唾手可得，就太容易让人漫不经心了，不以为然了。很多不幸的遗憾，就是总以为来日方长、总以为还有时机，然而有些事情就是那么不经意地在霎那间失去了，再也回不来了，来不及补救、来不及后悔。亲情不是非要在分离时才表露得不舍，也不是非要在聚首时才表露得欢喜，更不是非要在危难时才表露得心痛。亲情是在生活的点滴中自然流露的那份血脉之亲，那份痛如割舍自我、喜如加之于我的切身感受，这才叫亲、才叫情。不要再说你还是那么忙，人生有忙不完的事，我们还有很多时间可以弥补，可是父母却没有太多的时间等待我们去尽我们所谓的“孝道”。如果你很久不曾回家看望父母、如果你很久不曾陪父母拉拉家常，那么从现在开始，放下那些你所谓的忙碌，抽一点时间给你的父母，让他们感受爱的幸福和甜美。

来看一则故事：

一个年轻人生活在一个单亲家庭里，父亲在他很小的时候因为车祸去世了，留下他和母亲相依为命。由于年轻人生活在大山里，家境贫困，于是他决定出来闯荡，希望能够干出一番事业，摆脱贫穷的现状，也让自己的母亲过上有钱人的生活。

于是，年轻人来到了一座大城市里。由于没有学历，也没有一技之长，他只能到城市的建筑工地上打苦工，每天干着繁重的体力活。

日子一天天过去了，年轻人一边干活一边学习技术，他下定决心一定要闯出名堂来，否则再也不回大山里去，也没脸见自己的母亲。

年轻人工作非常努力，转眼几年过去了，他已经从当年的一个小搬运工成为了一个包工头；又过了几年，年轻人成了一家建筑公司的技术总监；又过了四五年，他成立了一家小的建筑公司，自己当了老板。由于自己当上了老板，每天总是事务缠身，打电话回家的次数也越来越少，间隔的时间也越来越长。转眼之间，十年过去了，他的公司已经发展成为了一家大型的建筑公司，在全国都赫赫有名，他的资产达到了几十个亿。

这天，年轻人在大城市最繁华的地段买了一栋别墅，还买了一辆最新款的豪华轿车，并且还跟一个漂亮的女孩举行了婚礼。最后，他决定开车回去，带着美丽的新娘回家，然后接上自己的母亲来到大城市过上幸福的生活，住在豪华的别墅里。

然而，当年轻人回到大山里，家里破旧的房屋已经倒塌了，母亲已经不见了踪影。几番打听才知道，他的母亲在半年前因为得了一场大病，去世了。而他快一年多没有打电话回家了，掐指一算，自己已经二十多年没有回家了。

在一座小山前，一座土坟已经长满了荒草。年轻人跪在自己母亲的坟前号啕大哭，他心里后悔极了，因为母亲已经来不及等到自己儿子给她幸福的生活了。

可见，青春易逝，父母经不起太多等待，多多地给父母爱吧，才不至于后悔！

1. 多爱父母，会让我们变得更可爱；
2. 有些人有些事错过了就不再，父母也是如此；
3. 不要等到失去后再后悔；
4. 多抽点时间陪父母拉拉家常，会让你在琐碎中感受到点点滴滴的美好。

# 抓住青春，不让它从指缝间溜走

每个人的青春都是由一个个过程组成的，每个过程都有幸福和快乐，享受过程便是享受青春。因此，我们要学会泰然处之，享受过程中的快乐。好好珍惜生命的时光，不要因为疼痛，而把青春的美丽过程抛弃！

由此人们得知："青春年华，我们虽痛，可我们快乐着，我们坚信明天会更好。"那些没有尝过痛失青春的人，就不会知道什么是快乐。在饱尝痛苦后，才会知道创造快乐、珍惜快乐。

然而，公正地讲，命运之神还算相对公平，既不会给你太多，也不会在你尽心尽力地努力后分配给你太少，所得与所失刚刚平衡才最恰当，生命的苦和甜在某个范围内是对等的。因此，在相等的青春中，我们不要逃避生活的苦，而埋葬了乐的源泉。

来看一则故事：

从前有个年轻的小伙子，终于有了女朋友，双方约定在一个公园里作为第一次正式约会地点。

小伙子高兴极了，性子急，早早地就赶到了，然而他又不愿意等待。身旁那些明媚的阳光、迷人的春色和娇艳的花姿，他都无心欣赏，心里烦躁不安，仿佛每一秒都是一种痛苦的折磨，于是他在一棵大树下长吁短叹。

忽然，他面前出现了一个老翁，说："我知道，你为什么闷闷不乐？你只要拿着这时间盒。你要想时光过得快一点，只要将这时间盒向右一转，你就能跳过时间，要多远有多远。"

小伙子听了非常高兴，于是接过时间盒，试着一转：啊，女朋友立即出现在眼前，还朝他笑送秋波呢！他心里想，要是现在就举行婚礼，那就更棒了。他又转了一下：隆重的婚礼，丰盛的酒席，他和妻子并肩而坐，周围亲朋好友，悠扬醉人。他抬起头，盯着妻子的眸子，又想：现在要是只有我们俩多好！他悄悄转了一下时间盒：立时夜阑人静……他心中的愿望层出不穷：我们应该有座房子。他转动时间盒：夏天和房子一下子飞到他眼前，房子宽敞明亮，迎接着主人。我们还缺几个孩子，他又迫不及待，使劲转了一下时间盒：日月如梭，顿时已儿女成群。他站在窗前，眺望葡萄园，真遗憾，它尚未果实累累。于是他偷转时间盒，时间飞越。脑子里愿望不断，他又总急不可待，将时间盒一转再转。

青春就这样从他身边急驰而过，还没来得及品尝滋味，他已经老态龙钟，卧病在床了。等他想回味青春，好好享受青春的喜怒哀乐时，已经没有时间，来不及了。

可见，一味逃避青春的人，就不能享受真正的人生。而人生百态，苦痛和快乐皆为生命中不可或缺的一部分，它们是相辅相成的。青春的忧伤并不可怕，可怕的是你放弃了人生的苦，就等于放弃了人生的甜，就等于放弃了生命最绚烂的时光。

### 不幸之后，你还会这样领悟

1. 好好地珍惜生命、珍惜时光，不要因为伤痛，就把明丽的过程割舍；
2. 品尝人间辛酸的人们都会相信：“苦乐年华，我们虽痛，可我们快乐着，我们坚信明天会更好。”
3. 没有尝到苦的人就不知甜从何处来，将沦为生活的弱者，会被生活淘汰；
4. 要珍惜青春，抓住青春，好好地享受青春。

## 失恋很正常，谁会陪你到最后

对于希望得到爱情的年轻人来说，固然有的人会赢得圆满的婚姻，但也有一些人接二连三地失恋。

对于那些失恋的人，该怎么正确地对待自己呢？

其实，失恋很正常，我们没有必要更多地去在乎。世界有七十多亿人口，谁也不知道谁将是谁的终生伴侣，就算我们有可能和现在的恋人爱得死去活来，在婚姻自由的情况下，他并不一定会陪伴我们到最后。于是，有的人和我们相恋了，然后相爱了，到最后又分开了。

我们可能和很多人有过一段感情，然而到最后却只有一个人值得我们守候终生。我们要抓住那个值得我们去爱的人，否则一旦错过了就会成为永远的遗憾。

李素娟和吴达时相恋了，一开始，两人卿卿我我，耳鬓厮磨，甚是让别人羡慕。李素娟也沉浸在爱情的甜蜜之中。但是后来，吴达时遇到了另外的一个更好的女孩，就和她好上了。对于男友的背叛，李素娟简直痛苦到了极点，可是任凭她怎么挽回，吴达时都难以回心转意。李素娟伤心极了，天天以泪洗面。

就这样，李素娟因为这个不幸越来越憔悴，日子过得混乱不堪。

李素娟失恋后没有正确地看待自己，她就走不出失恋所带来的阴霾，结果乌蓬蓬地不成个样子让人担心。

其实，我们没有必要那么折磨自己，失恋固然会让人难受，但说不定和我们分开的那个人并不适合我们。只要我们认真地寻找下去，说不定会遇到那个和我们相知相契的人。

黄丽丹被男朋友甩了，心情一落千丈，她不明白为什么现在的男人都是甜言蜜语之后冷眼相对。可是，她的男朋友是不会回到她身边了，黄丽丹整日百无聊赖地生活着。她不再相信爱情，日子也过得平平淡淡。

若干年后，黄丽丹到了谈婚论嫁的年龄，她的爸爸、妈妈催促她早日结婚。黄丽丹这时才知道，不能一个人过下半辈子，可是，人海茫茫，她的真爱在哪里呢？

每天晚上，黄丽丹都是辗转难眠。是否男人的诺言的确不值得信任，她仔细地思索着。

后来，爸爸、妈妈给她介绍了一个看起来很不错的对象。黄丽丹知道不能继续单身了，只好和那个人好了起来。从和他的相处中，黄丽丹发现，其实他还不错，高大英俊又会照顾人。再后来，黄丽丹和他步入了婚姻的殿堂，生活得也很美满。

黄丽丹在失恋的不幸发生后重又接受了一份新的感情，她才走出了失恋带来的痛苦的阴影。对于我们，难免会失恋，失恋后没有必要完全地认为今生都被他给毁了。

其实，人生在世，尤其是在爱情方面上，很难知道谁将是我们最后的伴侣。在结婚之前，我们可以屡次失恋，而一旦结婚了，就要固守彼此之间的感情。不用担心对方会背叛你，因为对方也是好不容易才和你走到一起的。

既然双方都费了好大的努力才成就圆满的婚姻，就要坚守这一份感情，不可背叛对方。

要知道，我们婚后和婚前是不一样的，这时候不能见异思迁，必须要负起对另一方的责任，这样两个人在一起才会长久。当然，也有时会有离婚后的不快。而无论何种情况，都要坦然地面对。

人生变幻莫测，并不是在我们身边的人就能陪伴我们到老，而我们有必候这一份感情，因为它来之不易。

就那样，耐得住每日三餐的粗茶淡饭，肩负起抚养孩子、照顾父母的义务，虽然很平淡，但两个人这样的感情才会天长地久。否则，吃着碗里还望着锅里的，固然有可能会遇到更好的，但会给以前的那个爱你的人带来伤害。这喜新厌旧、浮萍心性是让人所不齿的。而且到最后往往会发现，最爱我们和我们最爱的人却是我们现在的爱人。

所以，结婚之前可以有失恋的伤痕，但不要让那段伤痕一直抹不去，忘掉那些给你带来伤害的人才会领悟不幸、你才会在生活上放松一些。而结婚之后，我们就不可和另外的人去谈恋爱了，因为不但会浪费时间、精力，而且有可能会遭受对方的欺骗，蒙受损失。更何况我们现在的爱人对我们不错，为什么非得要背叛他呢？要知道，一旦背叛就有可能失去他，而且到最后会发现，原来我们找了一辈子，那个值得我们爱的人却是我们失去的人，你开始后悔，可是已经晚了。

1. 人不可能一辈子一个人过，大部分人需要另外的一个人陪伴；
2. 我们寻找爱情，却一次次地被伤害；
3. 失恋很正常，只是缘分没到而已；
4. 总有一个人会牵起我们的手，步入婚姻的殿堂，并相知相契。

## 年轻时病弱，应照顾好自己

很多年轻人身强力壮，但并不是所有的年轻人都健健康康的。于是，一些人由于事业、家庭等压力，开始变得萎靡不振。

面对这病怏怏的样子时，我们有必要使自己的身体变得更强。否则，到任何地方都颤巍巍地像八十岁的老太太一样让人担心，也是很不好的现象。就好比我们最熟悉的林黛玉吧，虽然是金陵十二钗之首，但是她那娇弱的身体经不起雨打风吹，怎能最终更好地挥洒青春？而林黛玉的结局是在含恨带怨中怅然离世，何况林黛玉得的是绝症，稍有不慎，就一命呜呼了。当然，林黛玉家世还算不错，能得以调养，否则出生在寻常百姓之家，再加上她的心眼小，岂不是处处要受人冷落，日日要以泪洗面？

我们没有必要让自己的身体变得那么虚弱，我们年轻时不好好地照顾好自己，年老时就可能要疾病缠身、病犯沉疴。谁想总那么让人担心、总和疾病做伴？而固然有可能身体很好，也要照顾好自己，说不定某一天身体就会垮下。只有照顾好自己，才不会一直虚弱下去。

贾迪是富二代，从小过着衣来伸手饭来张口的生活。可是后来他的爸爸、妈妈离婚了，贾迪只好跟着爸爸过。虽然是衣食无忧，但他从小在溺爱的环境中长大，使得贾迪难以面对更多的坎坷与磨难。后来，爸爸不幸离世了，留下贾迪一个人孤孤单单地活着。虽然爸爸留给了他一笔财产，但不知道照顾自己的贾迪开始变得体弱多病。他以为他的身体不好和遗传有关，就天天无精打采地生活下着。这样，很少有单位愿意雇用他。虽然他是富二代，却过得不尽人如意。

贾迪从小在溺爱的环境中长大，不知道照顾好自己，当某一天没有人再给他温暖、给他关怀时他该怎么办呢？更可能的情况是生活混得乱不堪。这连自己都照顾不了，更别谈以后能照顾别人。例如，要抚养子女、赡养父母等。

当然，没有人希望自己年轻时病弱，如果偏偏让自己摊上了，只有去照顾好自己了。

我们已经是一个大人，父母没有义务再继续照顾我们，我们有必要照顾好自己，否则，意志脆弱，经不起打击，怎能面对将来呢？

周莉莉是一位诗人，发表过很多诗歌，可是，她天生病弱，淋几滴雨就会感冒，很少有人愿意和她结为连理。好在后来周莉莉遇到了一个喜欢她的人，愿意保护她，周莉莉才幸福地步入了婚姻的殿堂。

然而，婚后，周莉莉害了一场重病，虽然丈夫极力地照顾她，周莉莉的病情都难以见好转。

周莉莉认为她注定要在与病魔的斗争中度过了，而看到丈夫对她的关心，未来的生活也让她那么担忧了。

然而，三年之后，周莉莉仍然躺在床上。她问丈夫：“你会继续照顾我下去吗？”丈夫说：“会，会一生一世。”周莉莉才算放心了。

而后来，周莉莉的病情一直无法痊愈，而且越来越恶化，听说有可能下半生会瘫痪，丈夫实在承受不了那种压力，就离开了周莉莉再也没有回来。

周莉莉伤心极了，她不再相信男人的任何诺言，可总得活下去啊，她不得不学着照顾自己。

就这样，虽然周莉莉一直在病床上，但她的亲朋也不会对她过于担心，因为她知道何时吃饭、何时穿衣。而且由于周莉莉觉得一直待在病床上太无聊了，就让朋友们买了一些书籍阅读，从而对创作产生了兴趣。

后来，虽然周莉莉并没有痊愈，但她可以拄着拐杖下床了，而且周莉莉不再是一个平凡的女性，她是一个作家。周莉莉感觉到她的人生并没有白过。

周莉莉年轻时病弱，而且害了不治之症，如果她不知道照顾自己的话，她的丈夫会离开，她的亲朋也可能会远离她。好在周莉莉还有亲朋的关怀，她才能勇敢地活下去。否则，身边没有一个知寒问暖的人，而且一直犯病的话，那何尝不是一种痛苦的感觉啊！

而在此之前，如果我们不生病就不会有后来一系列的麻烦，可谁又能担保一生无痛无痒呢？固然很多人健健康康，但总有一些人身体虚弱。这时候有必要拥有照顾自己的觉悟，不可使自己太劳累。

丁志阔是一个工程师，22 岁时被查出患有肺结核，可是他仍不停地工作，殚精竭虑，后来，由于过度劳累，25 岁时便离开了人世。

多么令人可惜，不知道照顾好自己病弱的身体会产生多么不好的结局。而很多年轻人在犯了病之后并不会很好地照顾自己，于是就有些人英年早逝了，让人扼腕叹息。像我们熟悉的“初唐四杰”之一的王勃，他固然是风流倜傥，玉树临风，但也是文弱书生，加上生平波折，27 岁时，渡海溺水，惊悸而死。同样的有“音乐神童”之称的莫扎特，一生废寝忘食地致力于作曲创作，可并不会很好地照顾自己病弱的身体，结果年仅 35 岁时就与世长辞。另外还有英国浪漫主义诗人雪莱，中国网易首席执行官孙德棣，都是由于劳累过度，身体虚弱，英年早逝。

可见，年轻时病弱是一个不容忽视的问题。我们有必要学会照顾好自己，这样，才能摆脱不幸，坦然地迎接接下来的人生。

## 不幸之后，你还会这样领悟

1. 健康对自己很重要，失去了健康，诸如财富、荣誉、地位等再多也无意义了；

2. 现在不养生，将来就养医生；

3. 年轻人病弱是青春一种明丽的痛，虽然不是人人可以避免，但有必要学会照顾好自己；

4. 只有自己更强壮，才能更好地面对风雨变幻的人生。

# 两情相悦的爱情需要经营

爱情是什么？是把一对男女约束在一起的一张结婚证，还是“生死契阔，与子成说。执子之手，与子偕老”的一句坚定承诺？婚姻是什么，是快乐的港湾，还是爱情的坟墓？

我们每个人都渴望婚姻幸福，因为婚姻幸福了，生活质量才能提高、才能获得快乐的基础。但是又有多少人有幸福的婚姻呢？我们怎么才能让婚姻更幸福呢？

曾经就有人把婚姻定义为“缘分”，缘分来了，两个人在一起了；缘分没了，两个人就分开了。可是，在现实生活中，缘分来了又走了，造就了多少人的不幸，又葬送了多少人的美好青春。难道真的是这样吗？用缘分来作为两个人结合的理由，这使得大多数人认为婚姻是上天的安排，而不能由人把握。无数不幸的事例告诉我们，爱情不能靠缘分来决定，真正的爱情需要去呵护，婚姻需要去经营，它的幸福与否，往往取决于两个人的努力。因为婚姻从来就不是静止的，犹如两个普通人的感情，他们可能是一对很好的朋友，但如果在相处的过程中，不知道时刻去维护友谊，那么他们的友谊迟早会破灭。夫妻之间的感情也是如此，我们不能靠缘分和天定，在婚姻爱情方面，两个人都是掌握快乐的主导者。

于是，便有人很纠结，在他们看来，没有爱情的婚姻是不负责任的，也不会有快乐，没有婚姻的爱情是不完美的。婚姻只是爱情的一个阶段，不是终点；婚姻是让爱情法制化，不是把两个无关的人捆绑在一起，爱情是婚姻的基石。婚姻原本就像一杯白开水，无色无味，如果你想让这杯白开水变得光彩甜蜜，那你就赶快动起手来，用鲜花、甜言蜜语去调和这杯白开水，只要你有心这杯无色无味的婚姻也会变得有滋有味。

那么，你就要经营你的爱情、婚姻了，这能让两个人的感情变得更瓷实，让青春结出的果实永不凋零。

来看一则故事：

结婚之前，黄小姐对自己的男朋友非常满意，心里很是欢喜，她认为自己找到了一个完美的男人，自以为将来的婚姻生活一定会很幸福。于是，两个人在一段热恋后，领证结婚了。

可是，婚后没过多久，黄小姐越来越觉得婚后的先生和婚前大不一样了。黄小姐说，婚前，先生特别勤快，而且体贴入微，每当她逛街的时候，先生总是耐心地陪在身边，没有任何怨言；可婚后就不同了，先生却总以工作忙为借口，从不陪妻子逛街，对家里的事情也懒于伸手。

黄小姐感到丈夫没有以前那么体贴了，两人之间好像缺少了些浪漫，更不用说有什么激情可言。

日子长了，婚前的甜蜜没有了，取而代之的却是生活中夫妻俩的吵架拌嘴，两人的婚姻陷入了困境。

一年后，黄小姐实在忍受不住了，而他的丈夫也受不了她的唠叨，于是，两人觉得与其痛苦地在一起，不如分开，最后两人选择了离婚。

可见，婚姻需要经营，不然，即便两情相悦，最终也会不欢而散。

我们就有必要给平淡的生活中注入一点活力，同时也要知足，才会幸福一生。

## 不幸之后，你还会这样领悟

1. 两情相悦未必能厮守在一起，只有懂得经营才会步入婚姻的殿堂；

2. 爱情与婚姻不是天注定，是靠经营，你们两个人努力与否，决定着你们的爱情、婚姻的幸福与否；

3. 婚姻不在于高低贵贱，两情相悦便胜过房子、车子和票子；

4. 只要用心、用智慧去经营爱情、婚姻，才有“执子之手，与子偕老”的美丽浪漫，家庭才会成为爱的港湾。

## 没有了星星，还有月亮

在生命的旅程中，挫折、打击、痛苦就像笼罩在头顶的一方阴霾，让人挥之不去，无法摆脱。既然无法躲避，何不勇敢地去承受？伤痛是暂时的，快乐却是永恒的，人生虽然短暂，希望却永远存在。

要记得：没有了星星，还有月亮；失去了月亮，还有天空。青春带给了我们伤痛，却也让我们懂得了人生，在生命的日子里，我们失去了很多，却也让我们明白了很多！

那么，如果为了一颗逝去的流星哭泣，失去的可能是整个星空。于是，就要换一种心态面对生活，让自己快乐起来，就会发现，自己得到的更多。

来看一则故事：

一个女孩活泼、美丽，却不幸身患绝症，据医生诊断，她最多还有10个月的生命。当知道自己的病情以后，女孩所有的欢乐都没有了，她开始拒绝治疗，而且不和任何人说话，甚至连眼睛都不愿意睁开，只是静静地等待死神的到来。

医生说身患绝症的病人如果鼓起生活的勇气，敢于和死亡搏斗，这样也许还有产生奇迹的可能。

家人心急如焚，却无可奈何，直到有一天，一位老人也住进了医院。

“孩子，你看看外面啊！”女孩听到了一个陌生的声音，不由得有些好奇，就睁开了眼睛，才发现不知道什么时候病房里又多了一位年老的病人。

“孩子，你应该看看窗外。”老人又说，女孩出于礼貌，就把目光投向窗外。

一丛花儿开得正艳，女孩想起自己美好的青春还没有来得及绽放，就要凋谢了，不由得黯然神伤。老人明白女孩的心思，说：“你看看那棵树!”

挨着病房的楼房一角，生长着一棵树，树很奇怪，叶子稀稀疏疏的，树皮斑驳脱落，树枝很少，而且树身严重扭曲，但是奇怪的是这棵树看起来并不古老，却显得精神百倍。

女孩收回目光，迷惑地看着老人，这样的树有什么好看的。

“你知道它为什么会这样吗?”老人问。

女孩考虑了一会儿，看着树周围林立的高楼，淡淡地说：“大概是修建这些楼的时候弄的吧?”

老人笑了：“真是一个聪明的孩子！确实是这样，这棵树已经有几十年的寿命了，许多年前，这棵树跟别的树一样，树干笔直，枝繁叶茂，树皮光滑，但是在修建这些大楼的时候，落下的砖石泥块掉在它身上，于是树皮树枝就成了这样。楼房建好以后，所有的阳光都被堵住了，为了寻找阳光，树干就慢慢开始扭曲，最终就成了这个样子。”

女孩的眼睛再次看向了窗外，那棵经历苦难的树在阳光下依然显得很有活力，虽然磨难重重，可是丝毫没有摧毁它那顽强的生命力。

看着看着，女孩的眼睛湿润了，她似乎明白了什么，“谢谢你，爷爷，我懂了!”然后，在她那因为久病而显得苍白的脸上多了一些微笑。

老人看着女孩说：“天地少了，快乐也就少了，痛苦反而就多了；世界大了，微笑也就多了，痛苦反倒就小了。孩子，错过了星星，还有月亮，错过了月亮，还有太阳，就算连太阳也错过了，还有整个天空。一棵树为了生命都还在努力争取每一点阳光，我们何必因为错过了星星而抛弃整个世界呢?”

女孩开始积极地配合治疗，她就像那棵不幸的树，尽自己最大的努力去争取阳光，用自己顽强的毅力和死神抗争。

几年以后，女孩还是去世了，虽然她没有为自己的生命创造奇迹，但是她却让医生的死亡诊断一次次落空，直到生命的最后一刻，她还是面带笑容。

可见，我们并不会失去所有，总会找到更值得珍惜的。

1. 没有了星星，还有月亮；失去了月亮，还有天空；

2. 痛苦是暂时的，快乐却是永恒的，人生虽然短暂，希望却永远存在；

3. 如果为了一颗逝去的流星哭泣，失去的可能会是整个星空；

4. 青春总会失去一些东西，遭遇到一些伤害，这些是在所难免的，哪个人的青春不曾疼痛，只要我们一直朝前看，一切都会变好。

# 如菩萨般的亲人

亲人就像及时雨一样，在我们受伤的时候给我们以温馨。这种感情割不断、剪不断，并伴随我们一生。

俗话说："血浓于水。"我们更要珍惜自己的亲人，每一个不幸、每一个伤痛，都会由亲人陪伴我们度过。

下面，来看一则发生在我们身边的故事：

今天是大年三十，天空中飘着鹅毛大雪，来自偏远山区的阿毛此时正孤独难耐。他今年没挣到钱，所以回不了老家。推开窗户，看到四处暖暖融融，每一处都欢声笑语，心里更不是滋味。

但是，他还是拿起了电话，给远在他乡的老母亲保平安，说自己生活得是多么好，而且现在正在一位北京的朋友家里吃年夜饭呢！其实，只有他心里清楚，漂泊在外的日子是多么不好过。

阿毛还有一个哥哥在成都工作，自打父亲去世后，有责任感的他俩就决定要好好地照顾母亲。听哥哥说，他今年因为工作忙也回不了家。看来，母亲要在家里一个人孤独地过年了。但是，兄弟俩不忘了安慰母亲，让母亲好好地在邻里走动。母亲也是一个通情达理的人，说他们可以年后，可以在空的时候回来看一下。

两兄弟总算松了一口气，阿毛猜想：可能哥哥也因为处境不好没有面子回家！要知道，哥哥虽然比阿毛晚涉入社会，但是哥哥的学历很高，是村里最有名的大学生。所以，他很有文化素养，除了关照母亲之外，对阿毛也是细心地体贴、关心着。阿毛觉得，有了一个哥哥真好。

他想了又想，还是无奈地摇了摇头，要过只有一个人的除夕。

傍晚十八点钟，阿毛听到合租的房子内有人按门铃，就过去开门了。他没有想到，竟然是他的哥哥来北京了。阿毛一时惊慌不知所措，但还是热情地把哥哥请进了他租赁的屋子里。

阿毛的哥哥给他带来了很多成都的特产和一些其他好吃的东西，阿毛不好意思地说："你来北京怎么不告诉我一下啊?"

哥哥一边拍打着身上的雪花，一边笑着说："如果你知道了，还会让我来吗？我虽然说今年不回老家了，但是没有说不来北京看你啊！我一直担心，怕你在北京过得不好，我有责任、有义务时刻地照顾着你。"

阿毛很感动，给哥哥换了一件干的衣服，问哥哥吃饭了没有，哥哥说没有。于是，阿毛开始在自己的小屋里做饭了，哥哥一边在帮忙，一边津津有味地说着他带来的那些东西是多么好吃。

兄弟俩就这样快乐地做着饭，当快到十九点钟的时候，他们把饭做好了，便坐在一起吃着，而且打开电视，准备着联欢晚会的到来。

阿毛和哥哥谈笑风生，这时候阿毛才觉得自己是多么幸福。

第二天，哥哥一早就要离开北京回成都了，但是他不忘了给阿毛一些零用钱，阿毛哪里好意思接受，但是哥哥非得要塞给他，阿毛只好硬着头皮接下了。

哥哥说，等春暖花开的时候他会回家看望妈妈，现在他工作也稳定了，会抽空来北京看望他。阿毛听着听着，忽然觉得自己不再孤独了，眼中流下了感激的泪水。

亲人显得是多么重要啊，会不至于我们孤苦、会让我们心中涌动着一阵阵暖流。

今生有亲人的陪伴，值得！

但是，月有阴晴圆缺，人有悲欢离合，生老病死也是常现象。现在不懂得珍惜亲人，将来后悔便晚焉！

在两千多年前的中国，出现了一个大思想家、大教育家、政治理论家，他时至今日还影响着全世界的人们，他便是孔子。

孔子时常带着众弟子们出游，以便让他们对所见所闻有更多的心得体会。

一次，孔子在和弟子们出游时，听到了一阵阵悲戚的哭声。他们侧耳倾听，才发现不远处杨柳岸的一座小亭里有一个人正抱头大哭。这到底是怎么一回事呢？为了弄明白，孔子便和弟子们逶迤走向了那座小亭。

当走到那座小亭之后，孔子才发现这个大哭的人并不是别人，正是贤人——皋鱼。以前皋鱼出入总是绫罗绸缎、前拥后簇，而如今他穿着粗布衣，孤单地一个人在这里哭泣。

孔子因为他被疏远了，就问："君王对你不好吗？为什么会把你弄到这步田地？"

皋鱼仍哭着说："仲尼啊，我这么悲伤并不是因为仕途不顺，君王反而对我更好，我也越来越备受器重。"

孔子有点不明白了，又问："既然你官场亨通，有没有什么丧事，为何哭得这般悲伤？"

皋鱼便擦干了眼泪，和孔子促膝长谈，他说："我现在深刻地明白了我有三个过失，我为这些而追悔莫及啊！"

"是哪三个过失呢？"

皋鱼便说："第一个过失是在我少年的时候爱好游学，而把父母放在次位；第二个过失是我为了理想，整天侍奉君主，没有很好地赡养双亲；第三个过失是我结交了更多的朋友，与朋友的情谊越来越深厚，却疏远了亲人。"

孔子听后，细想了一会儿，说："只是没有报答父母而已，没有必要这么伤心欲绝吧？"

谁知，皋鱼说："我现在很想好好地孝敬我的父母，只是他们都不在人世了，我连一次尽孝的机会也没有了，所以我悔恨不已，失声痛哭起来。"

孔子恍然领悟，在回去后对弟子们说："你们要引以为戒啊！父母生我们、养我们多么不容易，我们要报答他们的恩德，这种恩德就像天空一样浩瀚无极、广大无边。”

因此，佛陀说亲人是我们的菩萨，要好好地报答他们，不要等到悔恨得失声痛哭。他们能成为我们的兄弟姐妹或父母便和我们有缘，如果亲人离世了，也不要过于脆弱、悲伤。

有一个女人，她的儿子即将去世，但是，女人却含着泪说：“我们之间的缘分已尽，你安心地去吧！”

因而，要相信这种缘分。即便你现在是单亲或孤儿，也要很好地对待这一份青春明丽的伤痛。

1. 人生最悲伤的事莫过于年少时亲人离去了，这时候要去承受，走完这风雨变换的花季、雨季；

2. 要感谢每一位亲人，并且要让他们很好地感受温暖，这种关怀是相互的；

3. 不要等到失去后才后悔，所以，亲人是你的菩萨，需要你毕恭毕敬地敬仰；

4. 有亲人多么美好啊，会不至于我们年少时孤单，成为流浪儿，这一份亲情，更值得珍重。

## 青春的磨难是明天的财富

俗话说的好："青春没有过不去的坎。"青春本来就是一种信念，可以激发你的勇气，增强意志，完成工作，或是作为情绪低落时的一种自我安慰。如果能够这么想，相信你的心里不仅会好过一点，而且会恢复信心，因为我们还年轻，因为我们能经得起创伤。而大部分的人都喜欢听成功人士在谈他们年轻时候的成功经验，问他们经受的困难。有的人在听过别人的成功之后，都会唏嘘不已。因为每个成功的人，在他们年轻的时候，在他们风华正茂的时候，都经历了不同的磨难与不幸。

他们的经验告诉我们，在困难面前，我们要有必胜的信心，不要因为缺乏成功的信心而不敢面对困难。大凡成功者，他们现在的成功都是奠基于过去生活的磨炼，而且目前的成功是他们感到骄傲的，所以对自己经历的困难更津津乐道，以此让别人了解他的努力。向充满信心的成功者请教失败的经验，同时也要知道他们以何种方法来克服失败。在和他们交谈之后，你会发觉：他们现在成功了，是因为他们面对生活的磨难，从不退缩。

我们便要相信，风浪后面将是平静的海洋、坎坷后面将是平坦的大道。有时成功与失败的区别仅仅是：成功者走了一百步而失败者走了九十九步，成功者只比失败者多走了一步而已。

另外，我们必须对人生道路上的曲折和困难有充分的认识和思想准备。由于人们的世界观不同、认识水平不同以及所处的客观环境不同，于是便形成了各自独特的人生之路。但是不管人们的生活道路有何不同，有一点却是共同的：绝对笔直而又平坦的人生之路是不存在的。因为，事物的发展是螺旋式或波浪式的发展过程，所以，人生道路的延伸也是直线和曲线的辩证统一。你在遇到困难和身处逆境时，不要茫然不知所措、灰心丧气，也不应因一时的挫折而轻言放弃。

来看一则故事：

被誉为“香港新一代富豪中的佼佼者”的许展堂只不过是一个80后年轻企业家，然而他却是20世纪90年代，香港商界一位举足轻重的生意人。1993年的春天，第八届全国政协会议召开，他被任命为全国政协常委的高层职务，这样成功的光环又增添了他这个年轻人的一些传奇色彩。

其实，许展堂并不传奇。他出身于一个富裕的家庭，从小衣食无忧，也许人们以为良好的家庭环境可对他今后的成功起到帮助作用。然而，事实并非如此，在他12岁那年，家道中落，父亲的生意失败，把家里的钱赔了个精光，没过多久，父亲又染上了肺结核，很快去世了。

如此突如其来的家庭变故，让小展堂的生活一下从天堂跌落到了地狱、从蜜罐掉进了苦海。当时他刚读完小学，只好被迫放弃读书，提前进入社会谋生。

迫于生存的无奈，年少的许展堂不得面对残酷的现实，面对人生，步入社会。他曾从事过多种低微的职业，他卖过鱼肉丸子面，也曾在街头闹市散发传单，为商店翻新旧招牌，被安排打更等。这段青春时光，成为他一生中最为艰难的日子，也是他一生中最难忘的时光。

然而，生活的磨难没有消磨他的意志，反而激发了他的斗志。他不甘心从此就这样清贫下去，没有了父亲，只能靠自己去努力。于是，他白天辛苦的工作，晚上则去上夜校进修，学英语，阅读大量的历史书籍和名人传记，从中汲取伟人们的思想精华。

他坚信自己会成功，因为他有的是青春、有的是力气和拼搏的勇气，一切不幸都将会成为眼中的过眼云烟。他凭借着自己的努力奋斗，渡过了一个又一个难关，抓住有利时机，拼搏奋斗，终于成为了“80后”中的佼佼者。

他成立了自己的公司，并且光复了家族企业，而且越做越大，乃至整个香港商界都知道有这么一位了不起的后起之秀。

可见，青春的磨难并不可怕，它反而是我们以后不可多得的一笔财富。

我们就有必要正视青春时期的磨难，而且这份磨难会为我们的未来添砖加瓦。

1. 成功和失败都不是一夜造成的，而是面对困难逐步积累的结果；

2. 绝处逢生后，我们就会知道困难没有什么大不了的；

3. 如果你不是被吓倒，而是奋力一搏，也许这些挑战就会成为你成功的阶梯，也许你会因此而创造出超越自我的奇迹；

4. 人是环境的动物，但无论环境如何，始终认为自己一定能成功的人最后一定会成功，这与想要破茧成蝶，就要经历许许多多的磨难是一个道理。

## 有一只柠檬，就把它做成柠檬水

德国哲学家尼采说：“如果生命是一只酸涩的柠檬，就用它做一杯柠檬水。生命不仅要在必要的情况下忍受一切痛苦，而且还要喜爱一切痛苦，因为痛苦是人生前进的动力。”

我们的人生便与痛苦时刻相伴，因为有痛苦，我们的人生才完美。因为有了痛苦这样最好的老师，我们才会从一个懦弱者变成一个坚强者。

痛苦是上帝也是魔鬼，痛苦能让成功者变得失败，充满希望的人变得消极绝望。痛苦是上帝还是魔鬼，都在我们的一念之间，坚强者把痛苦当作动力，去寻找快乐的彼岸；而懦弱者会在抱怨痛苦的深渊中沉沦，从此与快乐绝缘。

那么，不论你处在什么样的环境中，就应该试着把苦的柠檬变成柠檬水。比方说一位邮差，他每天要走几十公里的路，固然会觉得痛苦，但看到路边那些可爱的生命，就会赏心悦目，生活中的快乐就多了。而这种痛苦只要我们有细致的目光，便会获得一笔可贵的财富。

同时，这种痛苦的财富不是用钱买来的，而是你逐渐用经验积累起来的。说不定，某一天别人的痛苦就会降临到你身上。如果此前没有和不幸做朋友，那么很糟糕，你将会又一次苦不堪言。

人有必要和不幸握手言和，才能渡过一次次难关。

来看一则故事：

美国青年班尼双腿高位截肢，面对人生的巨大不幸时，班尼没有消极绝望，而是用超人的毅力战胜了痛苦，走向了全新的人生。今天，班尼坐在他的轮椅上，是美国乔治亚州州政府的秘书长。2002 年，班尼在家中砍了一大堆树木的枝干，准备做家中菜园里豆子的撑架。当他把那些木枝装在车上，开车回家时。突然间，一根树枝滑到车下，卡在引擎里，恰好是在车子急转弯的时候。车子翻出路外，把他挂在树上。他的脊椎受了伤，再也不能动弹。

那一年，他才24岁，从那以后，他从来没走过一步路。如此年轻就被判定要终身坐在轮椅上过日子。面对这突如其来的痛苦，班尼不知该如何是好。他内心充满了愤恨和难过，他不停地抱怨他的命运是如此的不幸，他沉浸在消沉绝望中。可是随着时间一年年的过去，班尼终于领悟到抱怨命运和沉缅于其中是一点用也没有的。

当他用内心的力量克服了震惊和绝望之后，就开始生活在一个完全不同的世界里。他开始看书，对好的文学作品产生了喜爱。他说，在十几年轮椅生涯里，他至少读了近2 000本书，这些书给他带来了全新的世界，也因为有书使他的生活变得更加丰富。他空闲时就聆听好的音乐，曾经他觉得伟大的交响曲是多么的烦闷，而现在却能让他非常感动。这还不是他最大的改变，最大的改变是——他现在有时间去思考。有生以来第一次静下心来思考，仔细地观察这个世界，从书中找到了真正的价值观念。他发现自己以前所追求的很多事情一点价值也没有。

看书让他对政治产生了兴趣。他逐渐开始研究公共问题，并坐着轮椅到处发表演说，他在学习和交流的过程中认识了很多人，很多人也逐渐地认识了他。靠着毅力和勤奋，班尼终于由一名残疾青年变成了一名成功者。

假如班尼没有高位截肢、假如班尼面对不幸意志消沉，那么，今天的乔治亚州州政府的秘书长可能将是另外一个人。

可见，当不幸降临在青春的年华时，你要有把负变正的乐观心态。那么，你就会坦然地活下去，而且活得很有威望。

## 不幸之后，你还会这样领悟

1. 不仅要在必要的情况下忍受一切不幸，而且还要喜爱一切不幸，因为不幸是人生前进的动力；

2. 不幸是上帝还是魔鬼，都在我们的一念之间，坚强者把不幸当作动力，去寻找快乐的彼岸；

3. 要心态阳光，才会没有黑暗；

4. 当领悟了许多种不幸之后，更要乐观，乐观会让你活得更好。

# Chapter4
# 总有一次流泪，让我们瞬间成长

不落泪，便难以成长；一次次落泪才能让我们更好地成长，我们便要在这一次次流泪中幡然醒悟。

# 没什么大不了的，不为打翻的牛奶哭泣

生活中，我们往往会因为刚刚发生的不愉快的事情而伤心、而流泪，但要记得先哲的一句话："不要为刚刚打翻的牛奶而哭泣。"因为打翻的牛奶流了一地，再也回不到干净的玻璃杯中、再也不能喝了。因此，我们不必为打翻一地的牛奶而伤心哭泣，牛奶打翻了就打翻了，我们唯一能做的，就是从中吸取教训，下次要小心，把牛奶放在一个安全的地方。而我们难免会打翻很多"牛奶"，正是因为打翻了这些"奶瓶"，才让我们慢慢地长大。

孔子也说："成事不说，遂事不谏，既往不咎。"这是告诉世人：已经做过的事不要再评说，已经完成的事不要再议论，已经过去的事也就不要再追究了。同时也告知我们：做事情不要被已经发生的相关的事情所困扰，只要是正确的，就要义无反顾地走下去，没有必要因为做错了什么事情而悔恨，眼光要向前看。

另外，南宋爱国词人辛弃疾在一首词中写道："叹人生，不如意事，十之八九。"的确，我们不可能事事顺心，万事如意，我们常常会打翻"牛奶"，比如下岗被精减，工作失误被老板炒了鱿鱼，我们不能哭泣，大不了再找一份新的工作，努力让自己的业务更出色、让自己的工作更细心；落选被降职、不会逢迎被顶头上司冷落，我们不能哭泣，大不了重头开始，学会察言观色，有时也拍一拍领导的马屁；评副高职称少了一票、送学术刊物的论文泥牛入海，我们不能哭泣，大不了我们还有下次，回去努力充电，做好更充分的准备……林林总总，不一而足。一旦遇到这样的事该怎么办？在现实生活中，有的人对于曾经失去的机会耿耿于怀，每当失意的时候，很多人都想大哭一场，都会感叹，如果当初我那样做、那么现在我将是怎样怎样了。但关键是你没有那样做，关键是你已经打翻了“牛奶”，如果你再自怨自艾下去，你将永远也喝不到牛奶。所以，过去的事情完全没有必要放在心上，你当初那样做，一定有你那样做的理由，谁也无法预测未来，不能用你的今天去对比你的昨天，然后使自己生活在痛苦中。这两者之间根本就没有可比性，对于现实来说，预测永远都要甘拜下风，你当然不必为曾经的选择失误而伤心沮丧，唯一能够做的就是在错误中吸取经验教训，大不了再重新喝一杯新的“牛奶”。

来看一则故事：

在美国纽约市一所中学任教的威尔顿博士曾给他的学生上过一堂难忘的课。这一个班多数学生为过去的成绩感到不安。他们总是在交完考卷后充满了忧虑，担心自己不能及格，以致影响了下阶段的学习。

一天，威尔顿在实验室里讲课，他先把一瓶牛奶放在桌上，沉默不语。学生们不明白这瓶牛奶和所学的课程有什么关系，只是静静地坐着，望着老师。威尔顿忽然站了起来，一巴掌把那瓶牛奶打翻在水槽中，然后他在黑板上写下了一行字：“不要为打翻的牛奶哭泣。”接着，他叫学生们到水槽前仔细看一看，并说：“我希望你们永远记住这个道理，牛奶已经淌光了，不论你怎么样后悔和抱怨，都没有办法取回一滴。你们要是事先想一想，加以预防，那瓶牛奶还可以保住，可是现在晚了，我们现在所能做到的，就是把它忘记，只注意下一件事。”

可见，牛奶已经打翻了，就没有必要再为它哭泣，我们所要做的只是吸取教训，或者重新沏一杯牛奶。

1. 在激烈的社会竞争中，杯中的牛奶可能被打翻，遇到这样不如意的事，不哭天抹泪、不怨天尤人、不消沉颓唐、不心灰意懒；

2. 聪明人永远不会坐在那里为他们的损失而哀叹，却用情感去寻找办法来弥补他们的损失；

3. 我们都经历过某种重要或心爱的东西失去的事情，且大都在我们的心理上投下阴影。究其原因，那就是我们并没有调整心态去面对失去，没有从心理上承认失去，总是沉湎于已经不存在的东西中，没想到去创造新的东西；

4. 不要让“打翻的牛奶”潮湿了我们的心情，我们还有很多事要做，我们没有理由因为这件事而拒绝这一天的生活，相反我们应该将这天的生活过得平静而恳挚，这样才会有丰盈的过去，也才能开创未来。

## 丢了心爱的东西，别再丢了眼泪

有位老人说："我之所以强大，并不是因为我的年龄，而是因为我的心灵已经学会了长大。人生的道路虽然艰难，但我却不停地求索我生命中细小的快乐。如果门太矮，我会弯下腰；如果我可以挪开前进路上的绊脚石，我就会去动手挪开；如果石头太重，我可以换一条路走。我在每天的生活中都可以找到高兴的事情，那么就不会因为不高兴的事情而伤心流泪。"

其实，生命本来就是不能被安排的。人生的际遇也许像朝阳一样可喜、像绵羊一样可亲，也许像恶魔一样恐怖。可是，你万万想不到会一下子时运不济——处处遭遇打击，被人误解侮辱，压榨欺凌，如遇猛虎。更惨的是，有时厄运如同车轮，在你的头上若无其事地轧过。

生活中的种种遗憾和不幸便是这样不能绝对避免的，但是，当我们不得不面对残酷的命运时，只要你心里充满阳光，所有流汗淌泪的日子也会灿烂如花，种种苦涩都会化为唇边云淡风轻的一抹微笑。我们要用自己的坚强守住生命的永远鲜活，即使孤苦凄然也要昂起不屈的头卢。只要抱着千份虔诚美好的信念，守着一颗淡泊宁静的心，才能找到心灵栖息的家园、才能在百花萧瑟的秋季笑傲天下。

来看一则故事：

一位旅行家去进行一次长途旅行。在旅途中，他听到一阵悠扬婉转的歌声飘来，歌声里充满了欢乐，而唱歌的是一个看起来很阳光的男孩。

男孩的歌唱得实在太好听了，就像秋日的晴空一样明朗，如夏日的泉水一样甘甜，任何人一听到这样的歌声，都会立即被吸引住，停步不前，让自己完全沉浸在这份美好的旋律之中，让欢乐萦绕着自己。

旅行家驻足聆听，一直到整首歌曲唱完。这时，男孩走了过来，笑容满脸，就像太阳下面正盛开着的一朵太阳花。

旅行家从来没有见过一个人笑得这样灿烂。旅行家根据自己的阅历，想这个男孩肯定没有经历过任何艰难困苦，才能笑得那样灿烂、那样纯洁。

于是，旅行家上前问候："你好，朋友，从你的歌声就可以听得出来，你是一个与生俱来的幸运儿，你的生命一帆风顺，既没有尝过风霜的侵袭，更没有受过失败的打击、烦恼和忧愁你也很少有过……"

男孩听了，笑着摇摇头："不，不是这样的，其实就在今天早晨，和我相恋多年的女友无情地抛弃了我，而就在刚才我还丢失了我的钱包。现在我可谓是一无所有了！"

"啊！朋友，既然你都失恋了，一无所有了，心里肯定会痛苦万分，一般人遇到这样的事情，肯定会大哭一场，而你却在微笑、歌唱？"

"我当然要唱了，我已经失去了最心爱的人，丢失了我的钱包，我已经什么都没有了，如果再不能歌唱，而是痛哭流涕，那我岂不是又失去了一份好心情？"

可见，当丢掉了心爱的东西，为了不至于丢失其他的东西，我们有必要笑起来。

## 不幸之后，你还会这样领悟

1. 有些事情是我们无法控制的，我们只能控制自己；

2. 生命不仅是一种结果，更是一种过程。过程中难免要有一些暗淡的色彩，也许会给生命带来缺憾。但学会欣赏厄运之美，能使我们沉迷时变得清醒、软弱时变得坚强、颓废时变得积极、愁苦时变得欢乐；

3. 如果不幸已经发生，那么就去接受不可改变的现实吧，即使再不情愿，也要及时收住自己错误的脚步，寻找新的方向。记住，事情已经发生，如果不能改变它，那么我们要做的就是接受它；

4. 丢失了心爱的东西在所难免，我们所要做的挽回，不是号啕大哭，而是镇静下来，嘴角露出一丝微笑，这样，一切的不幸才显得那么平淡，你才能更好地面对你的人生。

# 每一次不如意，都是一种收获

任何人的一生都不可能是一帆风顺的，只有经得起不如意的人生才是有价值、有意义的人生。在经受不如意的过程中，如果你还没摆脱不如意的纠缠，请别说你正在享受不如意，这在别人看来，无异在请求廉价的怜悯甚至乞讨，也别说正在不如意中锻炼坚韧的品质，那样别人只会觉得你是在玩精神胜利、自我麻醉！

我们便要得知，每一份不如意，都可以是一种收获，可如果你无法战胜它，那么你永远没有权利说你在不如意中收获了什么，这在别人眼里，只不过是你在为自己面对不如意时的逃避找的一个借口！善待不如意，正视不如意，只有你拥有了承受不如意的意志，你才有可能真正地战胜不如意，享受不如意给你带来的收获。而珍惜不如意带给你的收获，就不要在遭遇不如意的时候吹嘘自己的勇敢，不要以为不如意的收获触手可及，只有当你真正战胜不如意获得成功的时候，你才是把收获攥在手里的。

于是，生活中便有太多可以尝试的事，只是我们不一定能全部经历；生命中也有太多要学习的事，只是我们不一定能全部学习。因为，生活的最大乐趣，就是能经历失败的痛苦与成功的喜悦，这些才是生命的真正意义，也是我们活着的重要目的。而实际上，不管天空中是狂风骤雨，还是艳阳高照，都是最美丽的生活景致，也都值得我们好好地品味。可是，如果你总是担心被大雨淋湿，害怕艳阳会晒黑了皮肤，那么你就很难享受到生活的真正乐趣了。

可见，面对生活中的不如意，我们应该感激它——感激它赐予了我们机会，让我们能够更深刻地领悟人生，发现自己的价值，认清自己的缺点，指正自己的方向。要知道，在这个世界上、每一个人都在经历着只属于自己的不如意，每一个人都恪守着自身独特的不如意历程，用自己的方式活着，守护着属于自己的命运。

来看一则故事：

汤姆夫妇俩一直渴望有个孩子，但就是这样一个普通的愿望却整整折磨了他们十年，最终他们终于如愿以偿地得到了一个儿子。

面对着这个新降临在他们身边的小天使，汤姆夫妇想尽办法教导他，连走路的方式也清清楚楚地告知："我的好孩子，走路时记得要看着地上啊！如果你走在木板上要专心看着脚底下，因为木板最容易让人滑倒。"

这是小天使在开始学习走路时爸爸的叮咛。乖巧的孩子也相当遵从父亲的教导，只要走在木质地板上，他一定紧盯着脚下的步伐。

有一天，汤姆一家人来到山间游玩，爸爸又开始教导："在山路行走时，你还是要看着地上，每一步都要相当小心，不然你会从山顶摔到山谷中；而下山坡时，你一样要看着脚下，否则一个闪神，你就会扭伤脚踝的，知道吗?"

"是的，爸爸!"小家伙点了点头说。

就这样，小家伙在汤姆夫妇温情而善意的啰唆声中又过去十八年，汤姆夫妇相继离开了他们的小宝贝儿。当年的襁褓婴儿，现在也已经长成了一个帅小伙，但这可怜的孩子从小就习惯听爸爸、妈妈的引导与叮咛，如今他只能在过去的叮咛中，继续生活；对于父母的话，他仍然相当遵从。

现在他仍认真执行父母的叮嘱，在木板上、在田野间、上山与下山时，他都用心地盯着脚下。即使来到沙滩，听见美丽的浪潮声，他也不会抬头看看，声音是从哪里来的。

不管走到哪里，他也总是低着头往前走。

确实，汤姆夫妇的宝贝儿子从来没有跌倒过，也没有滑倒或碰伤过，一生几乎是毫发无伤的他，就这么"低着头"，走完了他的一生。

不过，在他临死前，他仍然不知道，原来天空是蓝色的，天上不仅有美丽的云彩，还有耀眼迷人的星星。此外，他也不知道自己所走过的每一个地方，风光是多么美丽。

基于此，当不如意来临时，我们就不要立即转身逃避。

正是这些不如意，才成就了刚强的我们，这些不如意也便是我们的收获。

1. 任何人的一生都不可能是一帆风顺的，只有经得起不如意考验的人生才是有价值、有意义的人生；

2. 每一份不如意，都可以是一种收获，可如果你无法战胜它，那么你就永远没有权利说你在不如意中收获了什么，这在别人眼里，只不过是你在为自己面对不如意时的逃避找的一个借口；

3. 我们应该感谢不如意的光临，珍惜不如意，才能带给我们真正的收获；

4. 在追求梦想的道路上，任何一次不如意都是唯一的，它不会给你致命的打击，只会给你无穷的动力，只要你善于在不如意中找寻收获、在不如意中找到属于你的方向，你就会战胜不如意而不是让不如意战胜了你。

# 爱一个人，不一定非要拥有

茫茫大千世界里，有多少人在感情上迷失了自己，失恋、婚外情等，每当这些不幸的事情发生时，就如同一把利刃插在了一些人心头上，让人痛不欲生。然而，人的感情会随着生活的变化而变化，人的审美需求也会随之而变，没有一个人会固定不变地认为一种事物绝对完美。当这些不幸的事情降临时，我们该怎么办呢？自寻短见吗？其实，完全没有必要。在这个世界上，有一种爱叫天长地久，还有一种爱叫不一定非要拥有。既然两个人的感情已经破裂，与其伤心痛苦地去挽回，不如就此放手，别让自己失去了爱情还失去了自尊。因为在爱情的世界里，没有卑微。有位情感专家说："人的一生，如果没有经历过一次失恋——一次感情上的挫折，那么他还没有算真正的长大。"

的确，人在走过生命之河时，最难靠理念的执着去呵护爱情，最难驾驭的乃是感情这叶扁舟。人在很多方面都表现其伟大性，只有在感情方面，仍迁就着人性弱点从而导致种种烦恼与挫折。那么，当面临社会上五花八门的诱惑时，我们将如何把握，是投之以矛，还是施之以盾？

我们就应该知道，当不幸的事情发生时，应该以冷静的心态面对这份感情，因为只有如此才能窥视爱的真谛。爱不只是一种感情，它也是一种生命的艺术；爱使生命崇高伟大，使生命具有诗意。但生命有高贵卑俗之分，所以爱也有真爱和假爱之分。如果一个人的感情发生了变化，却为了顾及情面、家庭等问题而不敢表明态度，那么这对任何人都是一种极大的伤害。其实，爱应该是自由的，如果追求的是真爱、如果两个人的感情是真诚的，同时已有的爱已经不在，那么选择追求新爱并不为过，相反还是对原有爱情的负责。

因为，当爱已不在，一对不相爱的人苦苦地在一起，恰恰是害了彼此。

爱这种情愫又非常复杂，也许有的人已觅到温暖的港湾可以休憩在甜美的温床上、也许有的人终生与它无缘、也许有人在甜蜜的梦中突然被伤感的钟声敲醒，不得不面对眼前爱被夺走的现实。此时当你揭开爱情的面纱时，这份真爱已不属于你，怎么办？不妨少些愤怒、怨恨，多些沉默、宽容，放“真爱一条生路”，同时对自己也是一种解脱。

来看一则故事：

有一部影片叫作《失乐园》，讲述了两个已婚人士——久木和凛子的感情纠葛。

端庄温柔的凛子是一名书法爱好者，在报社所属的“文化中心”当讲师。而久木就是在应邀去“文化中心”讲座时与她在饭局上偶然邂逅的。早已与妻子情爱麻木的久木最近又因工作变动而失意，当他与凛子相见的那一瞬间，心便不由地产生了一种冲动。凛子像楷书那样的规范与格调给他留下了刻骨铭心的印象。

而凛子的丈夫是东京一所大学医学部的教授，是位身材颀长的美男，但是他是一个工作狂，对凛子很冷漠。无爱的婚姻，与难于抵御的情感诱惑，使凛子与久木陷入“婚外情”的旋涡。

两人精神世界的共鸣和感官上的愉悦体验，让他们开始重新审视自己的人生意义。

他们认为此时才找到了人生的真爱，在真情的迷醉放纵之后，纷至沓来的是凛子的丈夫以“不离婚”进行报复，久木被匿名信所困扰，只好被迫辞职。亲人的疏离，同事的嘲笑、揶揄与世人的白眼，使他们在叛逆中毅然秘密同居。

从此他们就如同亚当与夏娃因偷食禁果被赶出伊甸园一样，被赶出了人生的乐园，当每一次的欢悦结束以后，他们都感到孤单寂寞。为了返回乐园，永远活在乐园里，他们选择了天堂这个永久的家。

可见，爱一个人就应该给他自由，这样才不会因为拥有而束缚对方，才能让彼此都感到宽慰、舒心。

1. 人的感情会随着生活的变化而变化，人的审美需求也会随之而变，没有一个人会固定不变地认为一种事物绝对完美；

2. 当爱已不在，一对不相爱的人苦苦地在一起，恰恰是害了彼此；

3. 如果一个人的感情发生了变化，却为了顾及情面、家庭等问题而不敢表明态度，那么这对任何人都是一种极大的伤害；

4. 当你揭开爱情的面纱时，这份真爱已不属于你，怎么办？不妨少些愤怒、怨恨，多些沉默、宽容，放“真爱一条生路”，同时对自己也是一种解脱。

# 缺憾是另一种人生之美

在人生的道路上，有些不幸是你无法预料的，而这些不幸往往给你带来了人生的缺憾，甚至是无法弥补的缺憾。然而，我们不必为了拥有这样的缺憾而伤心落泪，因为这是每个人成长过程必须经历的过程。爱情女神维纳斯真正的美，并不是在它完美无缺的时候，而是它断了双臂之后的那种缺失的美，正是拥有这样缺憾的美，它显得那么成熟、才是一件真正意义上的伟大艺术品。

其实，古人早就告诉我们这个道理了，“人无完人，金无足赤”，“水至清则无鱼，人至察则无徒”，“不可求全责备”，“不必吹毛求疵”，“全则必缺，极则必反，盈则必亏”等，这一条条的名言隽语，说的都是这个意思。而世上只有相对的真理，没有绝对的真理。我们慢慢观察便可以发现，有时候我们越要求“完美”失误反而越多，会常常因此失去机遇，导致失败。另外，凡事只要利大于弊，成功大于失误，就应该给予充分的肯定。也可以这么进一步认为，“完美无瑕”是我们不可能做到的，在这个世界上也是不存在的。任何事物的发展、任何人物的成长过程都有缺失，“十全十美”不可能，“美中不足”才是常态。

对于完美主义者，他们最大的特点是：要求自己，甚至对身边的每一个人都提出要求，将每一件事情必须做到尽善尽美。

那些完美主义者对自己的要求比别人更为苛刻，他们要求自己必须是完美无瑕的，所以同时也就给自己施加了很大的压力，并为此常常自责且经常闷不乐，时常有挫败感。与此同时也会牵绊到他人，结果使自己和周围的不堪言、不胜其累。

完美是可望而不可及的，就要打开心灵的桎梏，解放真实的自我。当你不再注意自己是否完美时，或许有一天就会惊喜地发现往日渴求的完美，今天已然具备！

来看一则故事：

一天，小沙弥问他的师父清一大师什么是爱情？清一大师叫他先到麦田里，摘一棵全麦田里最大最金黄的麦穗。期间只能摘一次，并且只能向前走，不能回头。

结果，他两手空空地走出了麦田。

清一大师问他为什么摘不到，他说："因为只能摘一次，又不能走回头路，即使见到又大又金黄的，因为不知前面是否有更好的，所以没摘；走到前面时，又发觉总不及之前见到的好，于是，我便什么也没摘到。"

清一大师说："这就是爱情！"

小沙弥又问什么是婚姻，清一大师叫他先到树林里，砍下一棵全树林最大最茂盛、最适合放在家里作圣诞树的树。同样只能选一次，以及同样只能向前走，不能回头。

这次，小沙弥带回了一棵普普通通的树。

清一大师告诉他："这就是婚姻！"

小沙弥因为有了上一次经验，所以便不再追求最好的、最完美的那一棵，而只选择了普通的一棵，当然也就没再错过机会。

可见，百分之百的完美只是一种虚幻，太过追求完美的人，总会有一次让你痛哭流涕，因为完美的东西、完美的人是不存在的，满足于缺陷，享受人生的缺憾，才是你真正长大的标志。

1. 重新树立评价自己的标准，改掉原来那种完美的、苛刻的、倾向于十全十美的标准，树立一种合理的、宽容的、注重自我肯定和鼓励的标准；

2. 学习多赞美自己，把过去成功的事例列在纸上，坦然愉悦地接受别人的赞扬；

3. 不可偏执，执着与执迷只是一字之差，因此，心态要保持健康和平和，不能妄想，要懂得收放自如；

4. 要量力而行，把事情控制在自己能力的范围以内，如果超出了这个范围，那么就不叫“力求完美”，而叫“自讨苦吃”了；

5. 不能作茧自缚，所追求的结果是让自己更快乐，而不是定个目标，把自己打入万劫不复的苦牢。

# 樱花树下的约定

每逢春天来临的时候，院子里的樱花就会盛开，奶奶就会提着小板凳，坐在樱花树下，手里拿着一枚戒指，不知道在念叨着什么。她的孙女儿小丽看到了，走过去问："奶奶，你都这么一大把年纪了，怎么还念叨着一枚戒指？"然后，小丽仔细端详着那枚戒指，问奶奶："这是谁的啊，你怎么一直保留着？"奶奶说："那是我初恋男友的。"说着说着，奶奶便沉浸在幸福的往事之中。

那是五十年前的事了，奶奶年轻的时候是一位楚楚动人的姑娘，她经营着自家的服装生意，每天都要到城里去送货。有一天，有一个年轻的小伙子订了货，是一件镶着珍珠的礼服，小伙子决定送给他的未婚妻。奶奶把那件礼服做好后，就骑上自行车到城里去了，谁知在转弯的时候，迎面来了一辆卡车。奶奶被撞到了。幸好奶奶并没有受伤，只是那件礼服坏了。小伙子的未婚妻知道了这种情况，非常恼火，就取消了和小伙子之间的婚约。而小伙子失去了那个婚约，就有可能要面临着五百万的债款，于是，他把矛头指向了奶奶的头上。奶奶只是一个农村的女孩，哪里有那么多钱呢？小伙子看到奶奶虽然衣着朴素，却漂亮、善良，就对奶奶说："如果你答应嫁给我也没有问题。"奶奶当时傻眼了，真不知道该怎么回答。后来，为了帮小伙子偿还那些巨债，弥补自己造成的过失，奶奶决定给别人打工，但每天的工资很少，不知道何年何月才能够帮助小伙子偿还得了。奶奶只好坐在樱花树下哭泣。在樱花树下奶奶遇到了她的初恋情人，感觉他就像及时雨一样，马上借给了奶奶五百万元，从此奶奶也逃离了小伙子威胁的魔掌。奶奶不知道樱花树下的那个年轻人为什么帮助他，就询问他原因，他说他喜欢樱花树下那个哭泣的女孩——喜欢她的心灵手巧。奶奶觉得脸颊都红了。从此，那个年轻人和奶奶经常来往，奶奶也把自己做的非常满意的衣服交给那个年轻人让他拿去卖。就这样，日子一日日地过着，奶奶不知道按照年轻人的要求做了多少件非常好看的衣裳。那个年轻人对她说："我要回到美国的父母那边去了，等我向父母告诉了我们的状况再来接你。"奶奶不舍得他离开，他就从怀中掏出一枚戒指，戴在奶奶的手上，奶奶当时觉得幸福极了。那时候，樱花正盛开着，看上去好美。

奶奶说着说着，一副如痴如醉回味的样子。小丽看到了，问奶奶："那后来的结果呢?"奶奶叹息着说："我在樱花树下等啊等，等了一年又一年，他始终没有回来。后来，我遇到了你爷爷，这不，就有了你。"小丽说："那他现在在美国过得还好吗?"奶奶说："我不知道，也不知道他结婚了没有，但我相信有一天他会回来。"小丽说："要是他不回来，你就不是白等一生了吗？我听到过很多痴心女负心汉的悲剧。"奶奶看了看戒指，意味深长地说："这些年我等待那个约定，也相信他，只是他始终没有履行诺言，我觉得有时是度日如年。"说完，奶奶遥望着远处的天边，不知道在想些着什么。

奶奶就这样等啊等，继续地盼望着，直到她弥留之际也没有等到她的初恋情人归来，她满含着泪水，对小丽说："我这一生等了他一辈子，也相信了他一辈子，到后来他却没有来，可能是骗了我一辈子，我还是这样痴痴地等、傻傻地等，等来等去却没有结果。小丽，现在奶奶终于明白了，世界上有三种东西不能相信：一是男人的诺言；二是女人的眼泪；三是朋友的酒话，而男人的诺言最不能相信，你这么善良，我怕某一天你也会像奶奶一样抱憾终生。"小丽说："你怪他了?"奶奶说："不怪他不可能，虽然我曾经心存着希望。我是那么地相信他的承诺，而他却一直没有履行诺言。现在，奶奶不久就要离去了，在我离去后，将我埋在那棵樱花树下，我还要等，虽然已经等得疲惫。"小丽说："这是何苦呢？你等了他一辈子还不甘心？难道还要让他下辈子辜负你？”奶奶说：“我始终相信我和他有一定的缘分，要不他当初不会帮我还了五百万的巨债。”小丽说：“那不一定是你的错啊，说不定他别有目的，要不为什么他当初把你的手艺学过去，而且让你白白做了一些衣服给他，你不是很怪他吗？”奶奶说：“虽然有时不怪他，但有时却在埋怨着他，我不知道这一生到底是为了什么。”说着说着，奶奶把戒指递到了小丽手上，还想开口说什么，只是眼睛中流着泪而又向往着离世了。

奶奶去世后，小丽按照奶奶的遗愿把她葬在樱花树下。她收藏着奶奶交代给她的戒指，希望有一天奶奶的初恋情人来看望奶奶。可是，那个人一直没来，直到小丽结了婚、生了子，也做了奶奶，那个人还没有出现。

小丽的奶奶相信樱花树下的约定，但约定变成了辜负，让奶奶最终遗憾地离开了人世。为了达成奶奶的遗愿，小丽拿着奶奶留下来的戒指，希望有一天奶奶的初恋情人到来可以亲手交给他。但是直到小丽到了晚年，奶奶的那个初恋情人也没有来。

到底是谁的过错呢？是奶奶的初恋情人撒了谎，还是奶奶太过于执着那一份约定？

其实，约定可能是甜美的，但约定也有可能让某些人误了一生。守着约定等了一辈子却等了枉然。这其中的无奈，和日日盼夜夜盼的滋味谁能知道呢？

是那个背叛约定的人的错吗？还是守着约定的人太过于钟情？

这里，很难明白，到底是谁之过？说不定那个背叛约定的人并没有把这件事放在心上，或者因为意外的事故他无法履行这个约定，他也不想食言，但曾经的约定却伤害了约定的另一方。

而要是守着约定的一方不去太过于执着、不去太相信某些人表面的话语，日子就可能好过一些。

想想，人海茫茫，大千世界，有些人固然会和我们有约定，但走了之后就可能永远不再会回来了。这时，我们要相信这一生只有以前相见时光的缘分，没有必要再祈求再见了，以免等来等去却没有结果。

1. 约定固然会让人活在向往之中，但约定得不到实现会让守着约定的一方活得很累、很无奈；

2. 或许会等了一生无怨无悔，但一辈子被那个人给耽误了，其中是心酸还是快乐呢？难以言状，想哭哭不出来，想笑笑不出声；

3. 不轻易相信别人的诺言，要明白“男人是野生动物，女人是筑巢动物”的道理；

4. 如果缘分已尽，就不要渴求再有轰轰烈烈的爱，便不会继续流泪。

# 多雨的季节你在想谁

最近阴雨连绵，何兴然的心一直很压抑，不知道为什么又想起了那个爱他最深却又伤他最深的人。还记得三年前，他和她相约在桃花树下。那时候，她穿着洁白的连衣裙，莲步微动，凌波轻移，仿佛天上的仙。她是那么地深爱着他，说将来做他的老婆。她的一言一语他都牢记在他的脑海。桃花见证了他们的爱情，烟雨保留了他们的回忆。那时候的日子多么美好，不用担忧将来。

何兴然大学毕业后，和她在同一个城市里谋取生存、发展，他们也共同描绘着未来的美好，有几间房子，养一些家禽，然后生一个活泼可爱的孩子……他们想着想着，都会情不自禁地笑起来。

可是，他们买不起房，更别谈将来能够过上舒坦的日子。何兴然也拼命地努力着，即便每天心力交瘁，也难以改变并不如意的生活状况。

她心灰意冷了，对他说："咱们还是分手吧!"

何兴然奇怪地问："为什么?"

她说："幸福不能等，我妈妈已为我在家乡找到了合适的对象，我要回去结婚了。"

他如晴天里响了一个霹雳，久久不能平静，然后他镇定地说："不能等我们再奋斗几年结婚吗?"

她说："等不了了，女人的青春不能等。"

他没有办法，只是待在那里默默地不说话。后来，她还是离开了他，留下他一个人在大城市中打拼。他以为她从此会销声匿迹，但是，听朋友说，她嫁给了一个很有钱的人，他听着听着，眼泪都流了出来。

“为什么自己会没有钱呢?”何兴然反思着自己，难道她因为那些钱就背叛了当初的爱情？还是因为自己没有能力，给不了她想要的人生？

何兴然再看看窗外，窗外细雨绵绵，想起曾经的爱恋就是一阵余痛。他不知为什么会时常地想起她，可能曾经他们爱得深沉吧，可是，她为了一些物质上的财富就离开了他，让何兴然一直想不明白。

为什么爱情经不住考验、为什么爱情在面包面前会低头？他想着想着，又情不自禁地流出了泪水。

何兴然觉得心里好难受，好长时间都不知道笑的滋味了，他的世界因为没有她而失去了光彩。不过，这些日子，何兴然也想得透彻了，既然她那么不念旧情，就没有必要再固守那份感情了，虽然她曾经说很爱他。

何兴然淡淡一笑，擦干了眼泪，觉得好男儿不应为失恋哭泣，他有必要打起精神，去工作、去赚钱。

怀着这样的念头，何兴然觉得好受多了，再看看窗外，雨停了，一缕阳光正洒进来。何兴然拉开窗帘，雨后的世界多么美好、多么新奇，何必要糟蹋自己呢？未来的路还得走下去，何必因为她对爱情的不忠贞而让自己活得这么痛苦呢？

何兴然觉得有必要振作起来了，不能再一直想念着那个不值得想念的人了。

何兴然流过了泪，才振作了起来。而面对金钱，很多人都会动摇，你是否能够从中很好地成长并有所领悟呢？

有时候，正是因为这一次流泪，才让我们坚强、才知道是错过了，还是放弃了值得。

而无论何时，即便是失恋，也应该擦干眼泪让对方刮目相看，不然对方会更庆幸、会更瞧不起你。

我们便有必要痛定思痛，这一次次流泪会让我们瞬间长大，会得知：错过了不值得的，才能经营更美好的将来！

1. 当你富有的时候，可能人见人爱，当你贫困潦倒的时候，连最爱你的人也会舍你而去。社会就是这么现实，所以，你要强大；

2. 流泪之后，我们更要醒悟，不能堕落；

3. 正是这一次次的流泪，让我们成长，更深刻地明白，没有一帆风顺的人生，磕磕绊绊才会活得实在；

4. 流泪表明我们脆弱，我们要让别人对我们油然生敬，就应该很好地振作起来，让当初伤害你的人追悔莫及。

# 不再相信爱情的红尘鱼

有一条红尘鱼在屡次爱恋失败后痛不欲生，它不再相信人世间的爱情，眼中满含着泪花，最终死在了浅海。红尘鱼死后它的魂魄飘飘荡荡见到了佛祖，看到佛祖优哉游哉地在那里下棋，红尘鱼伤心极了，对佛祖说："你统治的人世间没有真爱，你还那么快乐?"看到噙满泪花的红尘鱼，佛祖说："难道你没看到海枯石烂的霸王别姬、死为同穴的梁祝、举案齐眉的梁鸿孟光？怎么能说人世间没有真爱呢?""可是，"红尘鱼伤心地说，"我怎么没有遇到一个真心和我相爱的人呢?"佛祖说："不是因为你没有那种缘分，而是因为你不再相信爱情。爱情本没有错，一旦你不相信了，你怎么能遇到真爱呢?""可是……"红尘鱼说了半截，不知道说什么了。佛祖说："你耐心地去寻找，总会找到真爱的。""可是……"红尘鱼想说又咽了下去。

看着泪眼汪汪的红尘鱼，佛祖说："这样吧，我给你一次重生的机会，这次你可要找到自己的爱情。"

"可是……"红尘鱼想说又不知道如何开口。

佛祖知道红尘鱼已不再相信爱情，就让月老陪伴着红尘鱼来到了人间。看到人世间那些恩恩爱爱的夫妻相敬如宾，红尘鱼羡慕极了。它多么想也有美满的爱情啊！月老说："佛祖已经给了你一次重生的机会，这次你要寻找自己的爱情，会找到适合自己的伴侣的。"

红尘鱼虽然已不再相信真爱，但看到人世间恩爱的画面，而且月老给它讲了很多道理，红尘鱼只好诺诺地答应了。

当红尘鱼再次睁开眼的时候，它已经回到了海洋里，它知道它复活了，是佛祖给了它一次重生的机会，这一世要找到自己的爱。于是，它游啊游，游啊游，与很多人擦肩而过。红尘鱼认为不会有人喜欢它了。直到有一天，一条和它同年龄的红尘鱼遇到了它，它们简直是相见恨晚，它已经爱上了那只屡次失恋的红尘鱼，它告诉它，说它寻找了好久也没有找到合适的对象，好在上天有眼，让它遇到了那个重生的红尘鱼。

红尘鱼感动极了，它从来不知道会有人喜欢它。在那一条红尘鱼的追求下，它和它快乐地摇着尾巴，在海洋中追逐、嬉戏。

红尘鱼找到了真爱，是因为它重又相信人世间的爱情。如果它不相信人世间有真爱，即便遇到了喜欢它的人，它也会错过。好在红尘鱼从不幸中有所领悟，才能最终赢得爱人归。

有时，当我们屡次在爱情上受伤后，也会否定人世间的爱情。但要知道，我们遇到的人毕竟是少数，说不定那个喜欢我们的人一直在等待着我们的出现。只要你一出现，就可能马上会赢得他的爱。关键是在伤过、哭过之后，还要相信人世间有真爱。会有一个人在某一个角落为你守候，当你遇到他的时候，你们之间就会有一场轰轰烈烈的爱。

## 不幸之后，你还会这样领悟

1. 当我们屡次在爱情上受挫并不是人世间没有真爱，只是我们没有遇到合适的人罢了；

2. 这一一次次痛苦的成长，会让我们变得内心强大，更好地迎接新的感情；

3. 不要对爱死心，慢慢地，就像泡咖啡，当时候到了，你的爱情也会散发着芬芳、芳香；

4. 要主动去寻找，哪怕一辈子，辛苦得来的才最甘美。

# 一次次错误是长大的开始

如果你在生活中犯了错误，哪怕是一个致命的错误，请不要为此而流泪，因为错误是长大的开始。因为每个人都会在错误中成长，正所谓“吃一堑，长一智”。既然错误已经发生了，就不要再斤斤计较错误的过程，你需要做的就是从错误中找到成功的契机，继续前进。曾经有人做过分析后指出：“成功者成功的原因，其中一条很重要就是：随时矫正自己的错误。”

还有一个哲人认为：“成功，就是无数个错误的堆积。”错误是这个世界的一部分，与错误共生是人类不得不接受的命运，但错误并不总是坏事，因为可以在错误中汲取经验教训。当出现错误时，我们应该像有创造力的思考者一样了解错误的潜在价值，然后把这个错误当作垫脚石，从而产生新的创意。而事实上，人类的发明史、发现史上到处充满着错误假设和失败观念。想当初，哥伦布以为他发现了一条通往印度的捷径；开普勒偶然间得到行星间引力的概念，他这个正确假设正是从错误中得到的；爱迪生虽然有很多发明，却还不知道上万种能制造电灯泡的方法。

另外，错误还有一种好的用途，那就是它能告诉我们什么时候该转变方向，比如你现在可能不会想到你的膝盖，因为你的膝盖是好的；假如你折断一条腿，你就会立刻注意到你以前能做且认为理所当然的事，现在都没法做了。假如我们每次都对，那么我们就不需要改变方向，只要继续沿着目前的方向前进，直到结束。结果也许就永远没有改变方向，尝试另一条道路的机会了。

来看一则故事：

一位老农场主把他的农场交给一位外号叫错错的雇工管理。

农场里有位堆草高手心里很不服气，因为他从来都没有把错错放在眼里过。他想，全农场哪个能够像我那样，一举挑杆子，草垛便像中了魔似的不偏不倚地落到了预想的位置上。回想错错刚进农场那会儿，连杆子都拿不稳，掉得满地都是草，甚至有时还砸在自己的头上。等他学会了堆草垛，又去学割草，留下歪歪斜斜、高高低低的一片；别人睡觉了，他半夜里去了马房，观察一匹病马，说是要学学怎样给马治病。为了这些古怪的念头，错错出尽了洋相，不然怎么叫他“错错”呢？

老农场主知道堆草高手的心思，邀请他到家里喝茶聊天。“你可爱的宝宝还好吗？平时都由他们的妈妈照顾吧？”堆草高手点点头，看得出来你很喜欢你的孩子。老人又说：“如果孩子的妈妈有事离开，孩子又哭又闹怎么办呢？”

“当然得由我来管他们啦！孩子刚出生那阵子我真是手忙脚乱，不过现在好多了。”堆草高手说。

老人叹了一口气，说：“当父母可不易啊！随着孩子渐渐长大，你需要考虑的事情还有很多很多，不管你愿意不愿意，因为你是父亲。对我来说，这个农场也就是我的孩子，早年我也是什么都不懂，但我可以学，也经过了很多次的失败，就像‘错错’那样，经常遭到别人的嘲笑。”

话说到这个节骨眼上，堆草高手似乎领会了老人的用意，神情中露出愧色。

可见，一次次错误才是长大的开始，我们就没有必要埋怨错误，也不能看不起那些一再犯错的人。当错误的次数多了，就是成功人士了。成功的经验在于千百次的错误之后总结出来！

## 不幸之后，你还会这样领悟

1. 如果你在生活中犯了错误，哪怕是一个致命的错误，请不要为此而流泪，因为错误是长大的开始；

2. 错误还有一种好用途，它能告诉我们什么时候该转变方向；

3. 当出现错误时，我们应该像有创造力的思考者一样了解错误的潜在价值，然后把这个错误当作垫脚石，从而产生新的创意；

4. 错误是成长的一部分，与错误共生是人类不得不接受的命运。

## 折磨你，是在激发你的潜能

人潜能的激发，往往来源于他人对你的折磨。修行者有句名言："不吃苦，就不能成佛祖。"这句话提醒我们，只有经过层层的考验与磨炼，我们才能苦尽甘来，安稳地享受我们应得的成果。而每个人的自身都是一座宝藏，都蕴藏着大自然赐予的巨大潜能和无限潜力。美国学者詹姆斯根据其研究成果指出："普通人只开发了自己身上所蕴藏能力的1/10，与应当取得的成就相比较起来，每个人不过是半醒着的。"由于很多人生在和平的环境里，使得很多人没有将内在的潜能淋漓尽致地发挥出来。在我们身上没有得到开发的潜能，就犹如一位熟睡的巨人，一旦受到激发，便能发挥"点石成金"的力量。而人潜能的激发，往往来源于他人对你的折磨。

在通常情况下，大多数的人，都会习惯安于现状，习惯了按部就班的生活，习惯于从事那些让自己感到安全的事情，习惯于表现自己所熟悉、所擅长的本领，从而不愿意去改变自己的生活及探索未知的领域。那么，自身的潜在能力也就始终得不到挖掘，所有的潜能也都在机械地操作中被埋没，并随着年龄的增长，肌体的变化而渐渐地消失了。我们就要把折磨变成动力，这样，才能激发内在蕴藏的潜能，从而比他人更容易取得成功。

来看一则故事：

有这样一个在城市打拼的农民工，他在经过一栋写字楼时，看见一群西装革履的年轻人手里提着黑色皮包经过，相对比自己寒酸的样子，这两者巨大的反差强烈地刺激着他，他在痛苦的同时更情不自禁地感慨说：“将来有一天，我也会像他们一样，活得比他们还精神、活得比他们还成功。”

于是，这位年轻人开始努力的工作和学习，他不再为贫穷的家庭环境而整日愁眉不展，而是梦想有一天他可以出人头地，最终有一个辉煌的人生。但由于生活环境的限制，在两年的努力之中，这位年轻人并没有达到自己的目的，还是没有取得成功。

在这期间，这位年轻人吃了不少的苦，他烧过锅炉、当过保安，只要是能养活自己的活他几乎都去做了。就这样这位年轻人同样没有在事业上取得丝毫的进展，他只是做了一件事——就是在这段时间里所做活挣的钱只够养活自己。三年后的一天，他和一位朋友去听了一场关于成功励志方面的精彩演讲。在演讲大师那抑扬顿挫、绘声绘色、口若悬河的演讲中，他开始认识到自己的不足，从那以后他开始自学，不断地改变自己。

在12年后，令人吃惊的事发生了，在人们眼中一无是处的穷小子摇身变成了一位身价过亿的大富翁、成了一位街头巷尾人们谈之不尽的人物。他就是现在知名的企业家霍承彦。

我们便得知，折磨你的人会激发你的潜能、会让你变得强大。你就再也没有必要在受到别人折磨时痛哭流涕了，反而应该感谢他。

## 不幸之后，你还会这样领悟

1. 一个人的成功就在于能利用外界的刺激把自己的潜能激发出来，这样对自己才有鞭策力，使自己有企图心；

2. 每个人的自身都是一座宝藏，都蕴藏着大自然赐予的巨大潜能和无限潜力。唯有经过层层的考验与磨炼，我们才能苦尽甘来，安稳地享受我们应得的成果；

3. 在我们身上没有得到开发的潜能，就犹如一位熟睡的巨人，一旦受到激发，便能发挥“点石成金”的力量；

4. 无论你正陷于人生的低谷时期，还是沉浸在他人怀疑、否定的苦涩之中，你都不要怀疑自己的能力，以积极的心态加上勤奋、努力，就一定能激发你生命的潜能，创造出人生的奇迹。

# Chapter5
# 千万次摇摆，才能长大成人

多少颠簸、多少摇摆，我们才能真正的成熟。正是这些坎坷的遭遇，才磨砺了我们的意志，让我们更好的长大、成人。

## 在心里按上一台“空调”

夏天到了，打开空调的冷气，驱逐炎热的困劲；冬天来了，打开空调的暖气，扫除阴冷的寒意。人生也是如此，生活也有一年四季，有炎热的“夏天”，也有冰冷的“冬季”。当你遇到炎热和寒冷时，我们该怎么办呢？答案就是，我们应当给自己装上一台“空调”，来顺应环境的变化，帮助我们来驱除不幸，走出困境，而不是在不幸中苦苦挣扎，在水深火热中左右摇摆。在自己心里装上一个随时可以调节困境的“空调”，任外界花开花落，草长莺飞，都只能看到内心的一片宁静。而有的人一旦处于逆境——或是遭遇不幸、或是身处险境，他们就会心生恐慌、疑虑或者丧失信心，于是便无法支配自己的意志，苦心经营多年的计划的毁灭也就接踵而至。这些人与一直辛苦地从井底往上爬而后又失足跌落的青蛙没有什么区别。那么，如果一个人胸中充满忧郁，思想不集中，意志也不坚定，想突破困境、摆脱困扰便是不可能的了。

另外，不管何时何地都要给自己的心装上一部空调，不管严寒酷暑，心里都是春天不冷也不热，这样才是人生的最高境界。

与此同时，我们还要知道，人生路上挫折不可避免、失意不可避免，关键是，如果我们心里有一部可以调节温度的空调，那么这些挫折和失意又能奈我如何呢？

我们应该像一个手艺高超的厨师一样，多一点调料、多一点搅拌，以满足味觉的需要。当孤独寂寞冷了，打开暖气；当急躁热闹烦了，打开冷气；当失去了，想想曾经的拥有；当痛苦了，想想过去的快乐，人生就会格外惬意。

来看一则故事：

一个公司的老板，他总是面带微笑，不管有什么事，只要看到他那张微笑的脸，就会让人在瞬间也高兴起来。起初，人们以为他的微笑只是出于一种工作上应酬的需要，抑或只是表演，但后来人们发现，他不只是微笑在表情，更是微笑在心里。

他便给人们讲了一个他创业初始的故事：

曾经有一段时间，他的公司面临着极大的困难，而他硬是咬牙挺着，其间，一个曾经借钱给他的朋友过来向他催债。这个时候正是他最艰难的时候，他拿不出那笔钱，他请这位朋友看在老乡的份上再缓些时间，可是这位朋友坚决要将这笔钱拿回去，而且没有任何商量的余地。

他没有办法，只好坐在那里向朋友解释目前的情况。最后这位朋友恼羞成怒，竟然不顾朋友情份对他破口大骂起来，他看着朋友怒不可遏、喋喋不休的样子，真的无话可说，但也感到气愤和伤心。昔日的朋友竟然如此这般对待自己，怎能不让人难过？

可是，看着朋友依然故我的愤怒，他渐渐地不再感到伤心，他在心里告诉自己：看吧，他正在给我表演喜剧呢！而我只是个看客，他的喜怒哀乐与我又有何干？于是，他索性坐在椅子上面带着微笑“观看”起来。这位朋友见他如此，不仅更为恼怒，他搬起旁边的凳子就砸在地上，脸上依然是愤怒的表情。他还是坐在那里，微笑着“观看”。

最后，当这位朋友终于停下来时，他还是面带微笑，没有一丝气愤的样子。朋友终于忍不住了，一下子笑起来：“你可真是厉害了！没见过你这样沉得住气的人，以后是干大事的人。”

于是，朋友不仅没有继续追债，还投资了一笔钱，帮他渡过了难关。

可见，在心理安上一部“空调”，无论会遇到多少次摇摆，都会微笑着面对，并最终走出这一段不如意，迎来希望的曙光。

1. 在心理按上一部“空调”，便可以随时调节心情；

2. 人在面对摇摆之时，有必要心中总是春天，这样未来才会一片生机勃勃；

3. 当孤独冷了、当闷热烦躁了，就有必要给自己按上一部“空调”，会让自己迎来一片舒适的天空；

4. 在人的一生中，不可能完全是晴天，也不可能完全是雨季，只要我们给自己一把伞，就既能遮阳又能避雨。

## 人生其实是一种选择

有人说：“幸福，大家都是有相同的幸福；不幸，却是各自有着各自的不幸。”所以，每个人都希望选择一种幸福的人生，避免不幸的发生。可以说，人生其实就是一种选择，生活的方式有很多种，工作的职位也有很多种，放在你面前的路也有很多条，每个人无论是对生活、爱情与婚姻、友谊，还是对职业、工作、事业等，都有着自己的想法。当他们为了实现心中所想而采取行动的时候，无论是成功了还是失败了，都有一种选择。

在这个很精彩也很复杂的世界里，无论是幸福的人还是不幸的人、无论是成功者还是失败者、无论是大人物还是小人物，他们之间最重要的区别就是对人生之路选择的差别。

因而，一个人幸福与否，常在于他选择了什么样的人生，就像林肯所说：“所谓聪明的人，就在于他知道什么是选择！”

莎士比亚也说：“我们知道我们现在是什么样的人，但不知道我们可能成为什么样的人。”所以，做一个适合自己的选择并不容易，选择的错误会给自己带来刻骨铭心的伤痛，选择的正确会让自己少走弯路，或是如鱼得水或是平步青云，我们不应该惧怕生命中一些错误的选择。”

而实际上，在时光涓涓流逝的日子里，我们应当汲取进入我们生活中的好的或坏的、幸福的或痛苦的、成功的或失败的所有因素，这包括了人生经历的各个方面，不管是事业、婚姻、健康还是财富，因为这都源于我们自己的选择！正因为有了新的选择，才可以真正的释怀，才可以更加坦然地面对人生。正如现在在新的环境中生活得比以往都要好一样。既然是再次的选择就必须是进步的选择，而在每一次的选择中我们都要进步。

就像是：选择了高山，你也就选择了坎坷；选择了宁静，你也就选择了孤单；选择了机遇，你也就选择了风险；选择了求索，你也就选择了磨难。

在人生面临选择的一刹那间，我们要坚决果断地去选择，奋力打拼、孜孜以求，才能看到丰富而辉煌的未来。人生的过程就像一根链子，哪一个环节走错了，整个人生的轨迹就会不一样。选择就是我们人生的每一个环节，我们的工作环境、生活质量、情感爱人都需要选择。有人选择了幸福、有人选择了痛苦；有人选择了成功、有人选择了失败。每一个选择的过程都会充满矛盾、取舍甚至遗憾。我们更要把握住人生的每一次选择，这会让我们少走很多弯路，在每一次的选择中，我们会变得更加成熟。

来看一则故事：

王哲一直梦想着积累大量的财富和资产。到三十岁时，王哲已经挣到了八十万元。他雄心勃勃，想成为百万富翁。但问题来了：他每天都很辛苦，常感到胸痛，而且因为忙碌，他也疏远了妻子和两个孩子。他的财富在不断增加，他的婚姻和家庭却岌岌可危。

一天在办公室里，王哲心脏病突发，而他的妻子在这之前刚刚宣布打算离开他，因为他一天到晚忙着挣钱，一年到头很少回家。

王哲突然意识到自己对财富的追求，已经耗费掉了所有真正值得珍惜的东西。于是，他经过一番思考和犹豫，决定换一种活法。

他便拿起了电话打给妻子，要求见一面，并且卖掉了所有的东西，包括公司、房子，然后把大部分钱捐给了希望工程。当他说出自己的决定时，妻子感动得热泪盈眶。接下来，王哲和妻子退引乡间，过起了“男耕女织”的生活。他们在那里仿佛重温了青春时的美好时光。

王哲曾经陷入了财富的困境，差点儿让财富夺走了他的健康，失去了心爱的妻子和美好的家庭。而现在，他是财富的主人，他和妻子自愿放弃了财产，过着与世无争的生活，但是他却认为自己是世界上最富有的人。

可见，人生便是一种选择，有什么样的选择便有什么样的人生。我们也会在选择中度过我们的今生，要明确选择了，就不至于到后来总去追悔。

1. 一个人幸福与否，关键在于他选择了什么样的人生；

2. 千万次选择，才能千万次成长、长大；

3. 选择对自己有益的并不难，关键是选择适合我们自己的却很难，我们有必要不为利益所驱使，有必要找到适合自己的那条路；

4. 无论选择是带来收获还是带来亏损，都是我们成长的一个过程，这些过程越多，我们才会更加成熟。

# 麻雀变凤凰的过程

孙小南出生在一个贫穷的家庭，她小时候就不明白，为什么别人有好吃的好穿的，自己偏偏没有，为什么自己的家庭要比别的家庭穷？在上学的时候，看到同学可以买课外资料、零食，而自己穿的、吃的、用的都不如他们，孙小南越想越生气。

当到大了的时候，看到别人住的、上班的公司都比自己的好，孙小南想着又不舒服。她不相信她注定要过这种日子，可是她努力改变了，还是过着不好的日子。为此，孙小南经常埋怨她的处境不好。

有一次，孙小南和她的闺蜜到大街上闲逛。看到有的女士穿着名牌，趾高气昂地从她面前走过，很是羡慕，说："等将来有一天我有钱了，也会像她们那样大把大把地花钱，可是，她始终没有钱啊！"闺蜜说："别再做小公主的梦了，我们虽然是穷人，可有生存的权利。""可是，为什么我爸爸不是千万富翁啊，那样子我就可以住豪宅，又有钱的男孩子追了。"闺蜜说："别痴心妄想了，既然我们不是出生在有钱的人家，就要接受现实。""可是……"孙小南还想说什么，闺蜜忽然拉住了她的手，对她说："你看看，这枚戒指多漂亮啊！"孙小南透过玻璃窗看去，发现那枚戒指10万多元，真不敢想象，说："别看了，再看咱们也买不起。"闺蜜说："你不是一直要当千金吗？如果你成了千金，会把它买给我吗？"孙小南说："我买给你？那是天价，恐怕我一年的工资都买不起。再说了，你有男朋友，为什么不让他买，偏偏让我这个穷女孩买？"闺蜜说："逗你玩的，别生气，虽然我的男朋友富有，但是他不能给我什么，我偏倒喜欢那种没有钱倒是能给我全部的人。"看到闺蜜向往的样子，孙小南说："我很羡慕你啊，你倒不识好歹，穷男朋友谁要，我要的是有车有房。”说着说着，眼中流露出憧憬的神情。

孙小南就这样一直羡慕着别人好的出身，埋怨自己出身不好，也不相信自己会遇上出身好的人。

一次，她的朋友邀请她到一个宴会上聚餐，孙小南答应了。她打扮了一番，就去了宴会，没想到她在宴会上依旧很寒酸，孙小南都不敢抬头看别人，她觉得自己丢人死了。

就在她闷闷不乐地坐在一角时，一位男士向她伸出了手，说：“小姐，咱们跳一支舞吧？”孙小南说：“这又不是舞会，跳什么舞？而且我也不会跳舞。”那位男士对孙小南很感兴趣，就坐在孙小南身旁，说：“那么，咱们喝酒如何？”孙小南极力地摇摇头，说：“我不会喝酒。”“你不会喝酒、不会跳舞，那你会做什么？”孙小南说：“我朋友让我来，是给我介绍朋友的，并没有让我喝酒、跳舞啊！”那位男士听了，反而对孙小南更感兴趣了。

就在这时，孙小南的朋友过来了，说要给孙小南介绍一个新的朋友，而这个新的朋友恰恰就是刚才和孙小南搭讪的那位男士。他叫唐嘉豪，香港人，很多人都喜欢他。孙小南觉得他是一个富家子弟，也慢慢地向他频送秋波。

宴会后，孙小南一个人走在回家的路上，这时候唐嘉豪开车过来，在孙小南身旁停下，问：“你家在哪里，我送你吧？你看看你，喝得醉醺醺的。”孙小南说：“不用了，我一个人可以走到家里。”唐嘉豪还是下了车，请孙小南上了车。

在车上，唐嘉豪说：“你家在哪里呢？我送你吧！”孙小南说：“不用了，你把我送到火车站就行了。”“火车站，你到那里干嘛？难道想离家出走？”“想到哪里去了，我家就住在火车站附近，再说了，我家里很穷，怕你笑话。”唐嘉豪说：“我不会笑话你的，你喝成这个样子，我还是送你吧！”孙小南不同意，唐嘉豪只好把她送到了火车站。

就这样，第二天上班，同事看到孙小南赖洋洋的样子，问：“你昨晚去哪里了？到半夜才回来？”孙小南说：“你怎么知道？”同事说：“我亲眼看见的，是不是又约会去了？”孙小南说：“哪里？他是一个富家子弟，我是什么，一个贫穷的人罢了，永远也当不了灰姑娘的。”同事说：“未必，说不定那小子就对你有兴趣呢。”孙小南说：“虽然我向往有很高的身份，但我毕竟出身卑微，我只有做好自己了，不然会让别人笑话的。”孙小南打消了同事一再追问下去的念头，专心地工作。

下班的时候，孙小南走在了路上，唐嘉豪又开车过来，说："怎么这么巧，又碰面了，不如我送你回家吧？"孙小南说："不必了，你先走吧！我一个人一会儿就溜达到家了。"但是，唐嘉豪执意要送，孙小南只好让他送了。这次，唐嘉豪把孙小南送到她家的门口。

看到一个富有的青年送女儿回来，爸爸、妈妈很吃惊，问孙小南："你男朋友？"孙小南说："哪里的话？咱们这么穷，他才看不上咱们呢。"爸爸、妈妈兴奋的劲头被打压了下去，便不再追问。

就这样，孙小南每次下班都遇到唐嘉豪。孙小南觉得奇怪了，问他："怎么这么巧？你不是每次都故意的吧？"唐嘉豪说："我也觉得奇怪，怎么每天都会遇上你呢？"孙小南说："我怎么以前在这条路上没有遇见过你，现在倒屡见不鲜了。"唐嘉豪说："我家最近搬家，所以我每天都走这条路。"说着又要送孙小南回家。孙小南没有办法，只好让他送。

孙小南万万没有想到，她会麻雀变成凤凰，很快唐嘉豪就向她求婚了，孙小南傻了，说："你脑袋是不是糊涂了，咱们身份地位不同，门不当户不对的，求什么亲？"唐嘉豪说："虽然富有的女孩很多，可是我偏偏只爱你，你的可爱、你的单纯让我执着。"孙小南说："你不是头脑发热吧？是不是把我得到手后就移情别恋？我虽然爱钱，但我告诉你，最讨厌那种欺骗女人感情的男人了。"唐嘉豪说："你放心，你是我的第一个女友也是我的最后一个。"孙小南说："真的吗？"唐嘉豪："我敢对天发誓！"于是，孙小南相信了唐嘉豪。

一年后，孙小南和唐嘉豪步入了婚姻的殿堂，婚后她果真过着她曾经奢望的生活，有仆人、有豪宅……可是，一段时间之后，孙小南觉得还是原来的生活清静，虽然不是那么富有，但是过得很快乐、很知足。于是，孙小南对唐嘉豪说："老公，咱们离婚吧？"唐嘉豪一怔，说："为什么？"孙小南说："这不是我想要的生活。""那你想要过什么样的生活呢？"孙小南就说出了自己的想法。唐嘉豪听后，不但没有责怪妻子，反而和妻子同舟共济，说："你要过那种生活我也要跟你一起过，反正到死都不离婚。"孙小南惊奇地问："为什么啊？""因为我爱你啊！""可是，你愿意舍弃这么富裕的生活吗？"唐嘉豪说："愿意，我只要和你过平常的生活。"孙小南不相信，后来发生的事情，彻底地改变了孙小南的想法，原来唐嘉豪真的会为了她放弃一切，孙小南哭着说："我不离婚了，我要和你一直生活下去。"唐嘉豪笑了，说："这才是我的乖宝贝！"

从此，孙小南幸福地生活着，不再有身份高低、贫贱的区分了。

1. 我们不要感慨出生在贫穷落后之家，说不定你会有意外的惊喜，让人生获得转变；

2. 要宠辱不惊、去留无意，这样，才能适应这个波云诡谲的社会；

3. 一切都在发展与变化之中，要有远见的目光看到可观的未来；

4. 有时候顺其自然，反而更容易获得幸运，所求有所不求便是最大的智慧。

## 婚姻不是儿戏

李雅茹今年 29 岁，已经是大龄剩女了，可是至今仍单身一人，她的爸爸、妈妈很着急，催促她说："雅茹啊，赶紧找个人嫁吧!"李雅茹说："嫁谁呢？反正没有合适的!"妈妈说："不是没有合适的，是你不去找。你想想看，你天天待在公司里，会有人主动找上门和你结婚吗？你应该多出去走走、多结交一些优秀的男士。"李雅茹说："妈妈啊，我现在不想结婚。"妈妈说："不想结婚？难道你想一辈子单身！我可不愿我的乖女儿一辈子打光棍。既然这样，你不愿意找，妈妈帮你找吧!"李雅茹漫不经心地说："那你就慢慢地找吧!"

在李雅茹下班回到家后，妈妈又对她说："今天我在婚恋网上给你找了几个相亲的对象，你明天去相亲!"李雅茹说："妈妈，我让你找你还真找啊!"妈妈说："那怎么了？你看看你，都快三十岁了，再不嫁出去就老了。"李雅茹没有办法，只好听着妈妈的话去相亲。

第二天，李雅茹如期到了相亲的地点，果然有一些男士前来相亲，他们有的是海外留学生、房地产公司老板、影视歌手、公司经理……好不容易相亲完了，妈妈高兴地问："怎么样，有没有合适的？"李雅茹爱搭不理地说："我累了，我要回家睡觉了。"妈妈看李雅茹那种态度，很是不甘心，追着问："你告诉妈妈，你到底有没有相上啊？"李雅茹说："他们的确很优秀，可都不是我的菜!"看到李雅茹没有相上他们，妈妈很是失望，说："这样子吧，明天我再给你安排其他的优秀男士相亲。"李雅茹说："妈妈，你烦不烦啊，反正我就是不想相亲。""不想相亲，你想干吗？难道想让爸爸、妈妈养你一辈子，我告诉你，乖女儿，三十岁之前你就给我嫁出去，不然甭怪爸爸、妈妈翻脸。”李雅茹说：“好好，我答应你三十岁之前嫁出去，这样子好了吧？”妈妈说：“答应不行，你尽快找到男朋友，不然妈妈不会放心。”看到妈妈很认真的样子，李雅茹只好点头答应了。

在公司里也有很多优秀的男士，可是，李雅茹对他们都没有感觉。她的同事看到了，对她说：“雅茹啊，你妈妈又在催你相亲了？”李雅茹说：“可不是吗？我妈妈就像一个媒婆。你想想，婚姻是一辈子的事，哪能随便找一个人就嫁了？”她的那个同事说：“你现在单身，你妈妈当然不放心你啊！再说了，你也不小了，该找一个了。”看到同事也在催她，李雅茹不知道说什么好了。

可天下之大，也有很多优秀的男士，哪一个才是自己的菜呢？李雅茹仔细地打量了公司里的男同事，他们不是有洁癖就是长相不好看。李雅茹把他们一一都否决了，再想想大街上的男士，他们一个个都有了漂亮的女友，看样子自己注定要被妈妈逼着相亲了。

李雅茹很失望，回到家里闷闷不乐地躺在床上。她想，怎么会没有一个适合她的优秀男士啊？她可不想随便找一个人就嫁了。李雅茹很苦恼。

转眼到了新年，在即将回家过年时，公司里的领导宣布了一个好消息，从新加坡调来了一位优秀的青年，他将管理李雅茹所在的部门。听说那位先生出身豪门，而且高大帅气，又有才有德，是很多少女心目中的白马王子。其他的单身女同事听到了都艳慕不已，好想马上就见到那位优秀的主管。而李雅茹对那个人并没有感觉。

回到家里过年时，爸爸、妈妈看到李雅茹仍是一个人，都板着脸，不理李雅茹，好好的一顿团圆饭弄得每个人都沉默寡言。李雅茹想，她不能再等待了，不然到老了就没有人要了。

在接下来的日子里，李雅茹也试着见了一些男士，可思来想去他们都不是自己想要的终生伴侣，李雅茹觉得脑袋都要炸了。

直到新年后上班，李雅茹与她的那个新主管一见钟情，李雅茹觉得可能会陷入爱河了。果然，她的那个新主管也对李雅茹情有独钟。就这样，你情我愿，李雅茹很快和那个主管走到了一起。

爸爸、妈妈知道了，非常高兴，邀请李雅茹和她的新男友回家吃饭。在餐桌上，爸爸问李雅茹的男友：“你真的喜欢我女儿吗?”新男友怔了一下，说："当然喜欢了。"爸爸说："她都三十岁了，你们打算什么时候结婚?"新男友说："就今年吧!"爸爸一听，高兴得快要跳了起来，但还是按耐住心中的兴奋，说："你们不是闪婚吧?"新男友说："当然不是，我很早就喜欢上雅茹了，因为三年前她曾去新加坡出差，那时我就注意到了她，只是她忽视了我罢了。"李雅茹反问："这是什么时候的事情?"男友说："三年前，你忘了吗?在椰子树下，你在那儿喝着咖啡，而我却是坐在你对面的那个穿着白色衬衫的戴着黑色墨镜的男士。"李雅茹略有所悟地说："哦，原来那个一直盯着我的人就是你啊!"男友微微一笑。

就这样，李雅茹和男友并不是一面之缘，她想既然男友会为了她从新加坡远道来帝都，她有必要珍惜这段缘分了，于是，李雅茹答应了男友的求婚。

终于，在一个月朗星稀、桂花盛开的夜晚，李雅茹和男友手挽着手步入了婚姻的殿堂。李雅茹从来没有想到那一面之缘会成就今天的姻缘，而她不是随随便便地就结婚的，她对婚姻做出了周详的计划，嫁给了一个深爱她的人。

1. 选择自己的爱情并不是盲目的，并不是到了年龄就应该结婚，否则，随随便便找一个人，便是婚姻不幸的开始；

2. 现在社会，离婚的大多数情况是：婚前了解少、感情基础弱、性格差异大、父母干涉多、彼此易猜疑、忍让包容少，为了避免这些不幸，更要慎重地选择那一个和你相守一生的人了；

3. 经过了多次的婚恋失败之后才得知：宁缺勿滥，所以，要找到投缘的那个人；

4. 婚姻会改变命运，那么你就要对自己的婚姻负责。

# 嫉妒是一种毒药

战国思想家荀子说：“士有妒友，则贤交不亲；君有妒臣，则贤人不至。”也进一步引申为：嫉妒心很强的人，往往心里非常的矛盾和痛苦，他们往往见不得别人比自己好，又感慨自己为什么处处不如别人，他们往往自认为自己有能力、有才华，却不明白为什么不能够出众，每次受伤的总是自己。

同样，在《圣经》中，“嫉妒”被称作为一种“凶眼”；而在占星术上，“嫉妒”被喻为一颗“灾星”。这也就是说，嫉妒能把凶险和灾难投射到它的眼光所注目的地方，所以有嫉妒心的人总是会有内心上的挣扎，甚至是在受煎熬，到了一定的程度，不仅如上，嫉妒之毒眼伤人最狠之时，正是那被嫉妒之人最为春风得意之时，然后便是自己。这一方面是由于这种情况促使嫉妒之心不得容忍别人的好；另一方面是由于在这种情况下，嫉妒的人在不幸中难以自拔。

那么，当你看到身边的人晋升了职位、获得了奖项、赚了更多的钱，买了大房子、开上了漂亮的轿车，你是否会在心底产生一种说不清是嫉妒还是羡慕的情绪呢？你是否会很违心地向这些人说上一番恭喜祝贺的话而心底却酸溜溜的呢？

其实，嫉妒是一种不正常的心理。尽管人类有攀比之心，会自然地在不如人时产生一种天生的抵触，那种别人拥有而自己没有得到的极度羡慕就是嫉妒之心。然而，嫉妒往往是成功之路上的绊脚石，嫉妒的怒火会把一个人推向不幸的深渊，永远走不出困境。一旦嫉妒的种子在心里发芽，它就会越长越大，最后牢牢地盘踞在内心深处，就很难从中铲除了。因而，最重要的是在一开始就不把嫉妒的种子播在心里，这样才能真心地赞美别人，又不至于过分地看低自己。

来看一则故事：

当年庞涓学成后投奔魏王时，孙膑还为他饯行。而庞涓当时非常感动，表示回去以后，如果有合适的机遇，一定帮助孙膑谋得一个理想的职务。

后来，魏王听说孙膑的才能和人品都非常优秀，于是打算重聘孙膑。而庞涓听说此事后，顿时嫉妒心起，他想：魏国的军权现都在我手里，倘若孙膑一来，肯定会与我分庭抗争。况且孙膑的才华又在他之上，这给了他很大的压力。

孙膑来到魏国之后，魏王想让孙膑统管军事，而庞涓却在一旁极力阻拦，他告诉魏王先以客相待，待时机成熟便把军事大权交给他。

魏王置孙膑以客卿的待遇，而庞涓在一次次与孙膑的接触中愈发感到孙膑的才华横溢，嫉妒心强的他便深感孙膑将对自己构成威胁，于是便设计陷阱以卑鄙的手段陷害孙膑，后孙膑以叛国罪入狱，又以魏之刑法处孙膑以刖刑。这刖刑就是将膝盖骨打碎，导致终生残疾。嫉妒之心猖獗，已让庞涓彻底丧失了人性。甚至他已打算将孙膑精通的真传兵法弄到手后，就将这昔日的同学、好友置于死地。

好在孙膑及时发觉，装疯卖傻，才逃过一死。君子报仇十年不晚，几年后的桂陵大战，作为齐国随军总参谋长的孙膑，以围魏救赵之计，将庞涓射死在马陵道上。

可见，嫉妒之心会葬送了我们的前程。所以我们就没有必要让嫉妒这种毒药在心中蔓延，才能活在一片祥和的世界，面对人生中的坎坷。

1. 不管生活给你何种不幸，生活让你变得多么的卑微，哪怕你就是一个无名小卒，都不要有过于强烈的嫉妒之心；

2. 把嫉妒化为向上的动力，努力向优秀的人看齐，学会放下嫉妒之心，别让嫉妒害了你，这才是一个人真正的成熟之处；

3. 要真心地发现别人的好，并去赞美；

4. 任何人身上都不可能集聚世上所有的优点，而幸运的事也不可能总是降临在一个人身上，倒不如放下嫉妒，捡起自信，充盈自己的实力，以行动证明未来的辉煌。

## 决断，做一个幸运儿

你见过迅猛的猎豹在伺机扑食时的景象吗？这种世界上跑得最快的动物，常以矫健的身姿，借着环境的伪装，悄悄靠近猎物，一旦猎物放松警惕，便箭一样出击，以迅雷不及掩耳之势，直取目标。而人人都是生活在这个世界上，为什么有些人却总是成为幸运儿，有些人总是遭遇不幸？

当你觉得那些本来比你条件差的人，在某一天跑在了你的前面，这时你就会不平衡。其实你并不是笨蛋，也不是别人富有运气，而是你在机遇面前，没有该出手时就出手。那些生活的幸运儿，便不会犹豫不决、优柔寡断，而是有着猎豹般的机敏、快速的决断和迅猛的出击能力。

我们得知，属于自己人生的机遇不是很多，如果机遇到来的时候，你没有该出手时就出手，以后你的成功便不可能了。意思也就是说，机遇没有回头路。当有某个机遇的时候，你抓不好的话，机遇便不会与你有缘了。这就好比一辆汽车抛锚了，陷进了烂泥坑，如果没有在轮子快要起来的那一瞬间使上劲，就永远无法把车子从困境中推出来，反而会越陷越深。

同时，更要反思：如果你是一个优柔寡断的人，一定要想办法克服这个弱点，你可以试着培养一下自己果断干练的作风。特别是当你遇到一件事情犹豫不决的时候，一定要想着如何快速决断而不会后悔，你不必过多地想着许多枝节末稍的担忧，这样，才不会消磨时光，在忧虑中不断徘徊。而事实上，任何一件事情的成功概率都不可能是百分之百，所以你就没有必要过多地权衡，选择适合自己的方案就可以了。

来看一则故事：

传媒大亨默多克在年轻时便继承父业，从事报刊业。由于父亲不善经营，所以他接手的是一个资不抵债的烂摊子。他说服母亲，保住了《新闻报》和《星期日邮报》两份报纸没有转让。并且他非常明智的认定，报纸是大众文化的一种文化载体，因此必须按照大众的阅读口味为他们提供通俗的文化消费品。

他的这一决断，遭到当时董事会其他成员和编辑的强烈反对，但是默多克是绝不会在这个原则问题上妥协的。于是，他迅速调整了原来的办报风格。

结果，在短短的2~3年内，这两份报纸便转亏为盈，由此，默多克也打败了他的竞争对手。这既显示出默多克的办报天赋，又激起了这位年轻人进一步拓展市场的雄心。

对于现在职场的CEO们，就需要有如此迅猛的决断力，然后刻不容缓地执行。想想，如果当时默多克犹犹豫豫，瞻前顾后，面对反对声音举棋不定，那么，结局将不言而喻，他一定会丧失掉扭亏为盈的机会，也就不会成就今天的传媒大王了。

当成功鼓起了默多克进一步进取的决心后，他就像一个偷偷跟在猎物身后的豹子，时刻准备着再次出击。

这时，悉尼报业市场两大新闻垄断组织的对立，为默多克的挤入提供了可乘之机。由于《镜报》经营不善，入不敷出，只能把它转手，以挽回巨大的经济损失，但《镜报》的经营者又不想它落入竞争对手，而增强其竞争力。正雄心勃勃，寻找时机，准备打入悉尼报业市场的默多克，得到这一消息就乘机而入，以400万美元这一令人无法拒绝的高价，买下了准备出手的《镜报》。

收购《镜报》之后，默多克果断地决定，对这家小报进行脱胎换骨地改造。他仿照世界上发行量最大的报纸——伦敦的《每日镜报》的格式，很快带来了丰厚的回报，在悉尼的报业市场形成了三足鼎立的局面。

可见，默多克的成功，一方面归功于他的果敢，该出手时就出手；另一方面是他像一个准备偷袭猎物的豹子一样，早就伺机以待了。

我们也要决断，这样才会幸运，才不至于为错失良机而悔之不迭。

1. 要有雷厉风行的工作态度和作风，才能不至于总是拖延；

2. 人生的机会不多，不决断，便会错失更多的机会；

3. 即使失败，也不足惜，做过的事情，没有必要后悔，因为我们还有后面的路、还要踏着原来的足迹前进。否则只会让机遇悄悄溜走，留下你一个人空叹息；

4. 要临危不惧，当断则断，才能有成大事的气魄。

# 顺其自然是最好的活法

中国有句俗话叫作“谋事在人，成事在天”，而这种“成事在天”便是一种顺其自然。只要自己努力了，问心无愧便知足了，不奢望太多，也不失望。

顺其自然更不是随波逐流，放任自流，而是应该坚持正常的学习和生活，做自己应该做的事情，弄明白自己的人生方向后踏实地顺着这条路走下去。有人曾经问游泳教练：“在大江大河中遇到旋涡怎么办?”教练回答说：“不要害怕！只要沉住气，顺着旋涡的自转方向奋力游出便可转危为安。”顺其自然也是如此，它不是“逆流而动”，也不是“无所作为”，而是按正确的方向去奋斗。不顺其自然就是自己和自己过不去，自己给自己出难题。

顺其自然不是宿命论，而是在遵守自然规律的前提下积极探索；顺其自然不是不作为，而是有所为，有所不为。人生就如同一艘在大海中航行的帆船，偶遇风暴是无法改变的事实，只有顺其自然，学会适应，才能战胜困难。而现实生活中我们应该学会顺其自然，这样才会获得人生的快乐。

来看一则故事：

一只小毛虫趴在一片叶子上，用新奇的目光观察着周围的一切：各种昆虫欢歌曼舞，飞的飞、跑的跑，又是唱、又是跳……到处生机勃勃。只有它，可怜的小毛虫了，被抛弃在旁，既不会跑，也不会飞。

小毛虫费了九牛二虎之力，才能挪动一点点。当它笨拙地从一片叶子爬到另一片叶子上时，自己觉得，就像是周游了整个世界。

尽管如此，它并不悲观失望，也不羡慕任何人，它懂得：每个人都有各自该做的事情。它，一只小小的毛虫，应该学会吐纤细的银丝，为自己编织一间牢固的茧房。

小毛虫一刻也没有迟疑，尽心竭力地做着工作，临近期限的时候，把自己从头到脚裹进了温暖的茧子里。

“以后会怎么样?”与世隔绝的小毛虫问。

“一切都将按自己的规律发展。”小毛虫听到一个声音在回答，“要耐心些，以后你会明白的。”

时辰到了，它清醒过来，但它已不再是以前那只笨手笨脚的小毛虫，它灵巧地从茧子里挣脱出来，惊奇地发现自己身上生出一对轻盈的翅膀，上面布满色彩斑斓的花纹。它高兴地舞动了一下双翅，竟像一团绒毛，从叶子上飘然而起，它飞啊飞，渐渐地消失在蓝色的雾霭之中。

我们得知，大自然里的一切都有一定的发展规律与方向，总归到最后顺其自然是长久之计。要是毛毛虫不是自然地从茧子里挣脱出来。例如，你提前用剪子把茧子剪开，毛毛虫会变成蝴蝶吗？当然不会！这就告诉你，每个人都有各自的想法与追求，然而无论如何，人是自然的动物，只有顺其自然，才能活得潇洒、惬意！

## 不幸之后，你还会这样领悟

1. 顺其自然不是宿命论，而是在遵守自然规律的前提下积极探索；顺其自然不是不作为，而是有所为，有所不为；

2. 只要自己努力了，问心无愧便知足了，不奢望太多，也不失望；

3. 顺其自然是人生快乐的最好的活法，不抱怨、不叹息、不堕落，胜不骄，败不馁，只管奋力前行、只管走属于自己的路；

4. 顺其自然不是随波逐流，放任自流，而是应该坚持正常的学习和生活，做自己应该做的事情，弄明白自己的人生方向后踏实地顺着这条路走下去。

## 富二代不养尊处优的醒悟

沈河是个富二代，从小过着衣来伸手饭来张口的生活。一天，爸爸把他叫到跟前，说："沈河啊，你也不小了，打算将来做什么呢?"沈河不加思索地说："家里那么有钱，我不用做事一辈子都花不完，爸爸不用为我担心了。"爸爸听后，长长地叹了一口气，说："你小时候我供你读书，大了的时候送你到国外上大学，你知道爸爸、妈妈抚养你多么不容易吗? 原指望你会有点出息，没想到会那么养尊处优。"沈河说："咱们家里那么富有，为什么非得要拼命的努力呢?"爸爸说："那些富有的资产不是你的，从此以后你必须要努力，爸爸将冻结你的账户，每月给你一定的生活费，半年后，你要自己生存。"沈河说："爸爸，别，干嘛那么绝情呢? 你要冻结了我的账户，你叫我喝西北风去? 再说了，在社会上生存那么困难，你叫我这么个大家公子怎么从基层做起啊? 而且，别人知道总经理的儿子混得很惨，他们一定会笑话你的。"爸爸说："你简直不可救，还想过着富二代的生活，你自己出去谋生吧，从今天起，你的账户将被冻结，你也将被赶出爸爸给你买下的那栋别墅。"沈河傻了，停顿了一会，说："爸爸，你不会来真的吧? 我那辆豪车呢?"爸爸说："对了，还有你那辆车，也将被公司没收。"沈河一听，都不知道该怎么办了。

爸爸说做就做，很快就将沈河赶出了别墅，让他一个人到外面去租房、去自立谋生。沈河简直恨透了他的爸爸，他不明白爸爸怎么甘心让他过那种穷酸的生活。然而，即便不满，生活还得过下去，为了生存，沈河出去找工作。找了很多次，也去了很多单位，沈河都觉得很累，没有合适的。

他的好朋友知道了这件事，对沈河说："你现在不是一个富家公子了，有必要靠自己的能力去生存了。"沈河说："谈何容易? 你说说我能干什么呢?"那个朋友说："看来你离开了你的富爸爸什么都不能做了，要知道，一旦这样养尊处优，往往会后患无穷。你可以想象，你爸爸的那个公司现在是知名企业，万一某一天倒闭了，你能跟着你爸爸去混饭吃吗?”沈河说：“别说那些丧气的话，就算倒闭了我们家也有很多钱，不愁吃不愁穿，我就想不明白，我爸爸那根弦不对了，偏要让我过这种穷日子。”朋友说：“你爸爸不是不对，只是你过惯了富裕的生活，习惯不了贫穷的日子。要知道，人生变幻莫测，万一某一天你贫困潦倒了，你不也得生活下去吗?”沈河觉得朋友的话说得很对，想了一会儿，说：“那我可以在爸爸的公司里工作啊，为什么他偏偏让我流落街头去自谋生路。”朋友说：“你爸爸可能知道你不适合那个行业，尊重你的选择让你在你自己喜欢的行业里开拓一片天地。对了，你想做什么工作呢?”沈河想了一会儿，说：“没有头绪，也不知道做什么好。”朋友说：“这样子就不行了，你不知道自己能做什么、会做什么，是成不了大事的，你不能那么迷茫!”“可是，我真的其他的事情不会做啊!”朋友说：“不是你不会做，只是你不知道会做什么，能做什么，眼下你爸爸已经把你孤立了，你只能靠自己了，努力做出一个样子来，让你爸爸刮目相看。”沈河说：“做什么好呢?”朋友说：“你自己好好想想吧，我得出去接我女朋友了，再聊!”说完，朋友就急匆匆地离开了。

朋友走后，沈河陷入了沉思，他觉得朋友的话说得很对，人必须要有方向，不然会活得没有意义。可是，自己适合做什么呢?沈河想来想去，都没有结果。

傍晚的时候，沈河到大街上去买零食，看到一个乞丐可怜巴巴地乞求着，出于怜悯之心，给了他一百元钱。乞丐都傻了，问沈河：“你没有给错吧?”沈河看了看乞丐一眼说：“没有啊，难道嫌钱太少?”乞丐说：“不是，是太多了，真的感谢你，小伙子，我已经三十年没有收到这么高额的纸币了。”沈河觉得奇怪，问乞丐：“怎么说三十年呢?”乞丐说：“我年轻的时候和你一样家境非常富有，可是我没有方向、没有目标，在父母去世后，他们固然给我留了一大笔钱财，可是很快就被我花光了，由于没有能力，在社会上屡屡碰壁，我只好沦为乞丐，今天受的苦也是我年轻时太养尊处优的报应。”

乞丐的这一席话对沈河的触动太大了，他想如果自己不去做正经事的话，将来也可能像乞丐一样沦落。于是，沈河思来想去他适合做什么行业。他忽然想起，他小时候很爱绘画，也立志当一名绘本作家，只是作家的命太苦了，往往都很穷酸，他就否决了那个梦想。现在想来想去，只有那个最适合他了。

沈河又想了很长时间，很多行业里他最适合当绘本作家，就依然而然地拿起了笔，虽然生活过得很艰辛，但也乐在其中。

他的爸爸让人悄悄地打听到了沈河已经步入了“正规”，很是高兴，私下里帮助了沈河不少。

就这样，沈河不用为吃饭、穿衣发愁，他写出了一部部很优秀的绘本作品，而且想当然地成了一个绘本作家，在社会上也小有名气。沈河终于松了一口气。

他的爸爸也来见他了，对他说：“儿子，你不错啊，有志气。”沈河笑着说：“没办法，你当初不让我养尊处优，我只有靠自己了，而我只能画画，因为画画是我的爱好和特长，而且，我也知道爸爸背地里帮助了我不少。”

爸爸说：“我当时不让你接管我的事业，是因为爸爸从很早就知道你的爱好，爸爸不想扼杀了你的梦想、你的才华，所以让你到外面去谋生，而看到你在外面生活得很苦，爸爸也很担心啊，所以让管家给你送了一些必需品。现在还怨恨爸爸当初冻结你的账户，截断对你的经济来源吗?”沈河说：“我现在不怪爸爸了，因为我有了自己的事业，反倒是我要感谢爸爸，没有让我养尊处优成了扶不起的阿斗，现在，我在出版界也小有名气，而且赢得了很多人的支持，听到了鼓励的掌声。”

看到儿子有今天的成就，爸爸高兴地说：“儿子的确不错，没有辜负年华，这样，你爸爸就对你的未来放心了。”沈河高兴地笑了。

又一天，他走在大街上，又看到了那个沦为乞丐的曾经的富家子弟，不禁感谢自己让人生有了方向获得了改变。

从此，沈河不敢再养尊处优，也不敢再漫无目的地生活了，因为他知道，今天的努力是为了明天，今天不努力，就可能明天像那个乞丐一样，而爸爸的财产固然可以继承给自己，但事业不能继承。事业必须要靠自己打拼。沈河想着想着，不禁为自己做出的明确选择高兴地笑了。

### 不幸之后，你还会这样领悟

1. 今天不努力，以后就会为今天的蹉跎后悔；

2. 钱财可以继承，但智慧、聪明等不可以继承，所以，我们有必要自立，做自己的主人，不能成为寄生虫；

3. 安逸只会让人越来越消极、越来越懒散，当某一天提供这些的条件人不再，你只会沦落；

4. 只有很好地接受社会的挑战与磨砺，才能长大、成为正常人。

# 失恋后三十天内的反省

有一位很优秀的女孩，一直不相信男友会背叛她，然而男友偏偏和她的闺蜜好上了。这突如其来的打击，让女孩承受不了。她不明白，和她好了三年的男朋友为什么那么轻而易举地就被闺蜜抢走了，而且闺蜜和她的关系也不错，为什么要抢她的男朋友。女孩越想越生气，只觉得自己晦气极了。

女孩找到了她的男朋友，说："祝福你们!"她的男朋友哑然，说："你不会怪我吧?"女孩说："我有什么理由怪你呢?既然你移情别恋我挽留也没用，不如祝福你，这样心里安稳点。"说完，女孩一甩胳膊就离开了。其实，女孩心里很难过，她在流着眼泪。

第二天，女孩的闺蜜约她在咖啡厅里谈话。闺蜜说："对不起!"女孩说："有什么对不起的，不就是一个男人嘛!"闺蜜说："可是，我抢了你的男朋友，你会不会怪我?"女孩说："当然会，但我不会接受你的道歉。世上的男人那么多，为什么你偏偏要抢他?而我为什么那么傻?为什么要相信他天荒地老的誓言?从此以后，咱们之间当陌生人吧!"闺蜜还想解释，女孩却一甩胳膊，又离开了。

回家后，女孩感到很难过，这已经是她失恋后的第二天了。为什么男人都是见异思迁呢?从此，她恨透了男人。

在上班的时候，对公司里那些对她心存好感的男人也不屑一顾。而恰巧公司里有一位男生偏偏很喜欢她，看到女孩失恋后很痛苦，那位男生很着急，找到女孩，安慰她。女孩装作很坚强的样子，说："不就是失恋了吗，有什么大惊小怪的?""可是，我很担心你，担心你为此憔悴了不少。""我憔悴不是因为他，是因为世上没有一个男人是好东西。前一段时期还说爱我永不变，现在倒好和我的闺蜜双宿双飞了。看样子，世上的男人都是见一个爱一个。"男孩说："不是的，不是所有的男人都是那样子的，也有很多男孩子是真心的。”女孩说：“现在真心的人已经不多了，我想今后要在失恋中度过了。”

过了几天，男孩看到女孩越来越憔悴，找到了她，说：“怎么了？你还忘不了他吗？你看看你，现在都瘦成黄豆芽了！”女孩说：“谁忘不了他，他那个负心人，想着他还有何用？”男孩说：“他会为了背叛你深感愧疚的，既然这样，他很难回到你的身边，你不能一辈子这样过吧？开始一段新的感情吧！”女孩说：“不要了，我不再相信爱情了，我对爱情戒了。”

就这样，女孩沉浸在失恋的追忆里，表面上还装作无所谓的样子。可是，她仔细想了想，那个男朋友不可能回到她身边了，难道要让他折磨自己一辈子吗？如果他看到自己现在这个样子，他一定会高兴。女孩想来想去，不能就这么便宜了她的那个男朋友和闺蜜，可是，自己单身，他们只会笑话。而要是找个新男友的话，找谁呢？公司里的那个男生不错，不过，他适合自己吗？女孩想着想着，脑袋都要炸了。想到最后，女孩觉得还是单身最好。

结果，女孩忘掉了对前男友背叛的憎恨，她开始快乐了起来。公司里的那位男生看见了，问：“怎么了？你和你的男友和好了？”女孩说：“才不呢？他背叛我休想再回到我的身边。”男孩略有所悟，接着问：“你这么高兴，是不是交到新的男友了？”女孩说：“没有，还单身。”“那你为什么不找一个呢？”女孩说：“找谁啊？找你吗？”男孩傻傻地笑。

就这样，又过了一段时期，女孩觉得不能再单身下去了。想想，人生在世遇到一个和自己相爱的人不容易，而眼前正有喜欢自己的人，何必要错过呢？如果错过了以后就可能遇不到更好的了。

怀着种种疑问，女孩试探性地问公司里的那位男生：“你现在有女朋友了吗？”男生说：“没。”“那你想找什么样的女朋友呢？”男生说：“和你一样。”女孩笑了。

后来，女孩和这位男生走到了一起，而这时她恰恰失恋了三十天，又结束了单身生活。

## 不幸之后，你还会这样领悟

1. 不失恋便不会明白爱情的可贵，失恋会让我们变得更强大；

2. 在失恋中反省，会正视这一段感情，不再是一个小男生、小女生，能更好地选择自己的爱情；

3. 千万次失恋、千万次痛苦，才能让我们找到那个有缘的人，从而倍加珍惜；

4. 如果一个人不爱你，失去后就应该庆幸，因为有爱你的人在等着你。

# 别掉进了“思维定式”的陷阱

有个寓言这样说：“有一个画家要作一幅画，于是在一张干净的白纸上，沾一滴墨迹。当给人们看的时候，很多人只把注意力放在了这个黑点上，却忽略了纸上大部分空白的地方，因为那才是画的主体。”

生活也是如此。很多人遭遇到不幸，就是因为他把自己的双眼盯在了人生的“黑点”上，从而忽略了人生大部分的“空白”之处。这种思维定式，让许多人不断地在不幸的边缘徘徊，无法走出失败的阴影。而万事万物都是不断变化发展的，我们就应该运用变化、发展的眼光来看问题。因而，我们的思维也应该不断地调整、不断地改变。而很多旧的思维习惯，在当时看起来也许是正确、可靠的，但是随着时间的变化，它们也会不断地随之改变。而且，这些旧有的思维习惯已经跟不上时代发展的步伐了，如果还用这些旧的思维来考虑问题，势必会受到阻碍。

我们就要放弃旧有的传统思维习惯、就要敢于用自己独创的甚至是颠覆传统的思维来指导自己的行动，比如按照通常的思维来说，大家都认为“好马不吃回头草”是正确的，但是好马为什么不可以吃回头草呢？曾经错过的一段姻缘，为什么不能勇敢地再续前缘呢？总有一些事情经历了才知道对与错、总有一些东西失去了才知道珍贵，既然知道了，为什么不可以回头？如果这样改变思维的话，好马也能吃回头草了。

还有，旧有的经验习惯会对人的思维活动会产生“刻板效应”。这种影响是消极的，它使人的思维依赖于过去经验的倾向，而产生一种惰性。当这种心理准备与所要解决的问题相不适应时，思维便陷于困境。心理实验证明，一个人一旦进入思维死角，智力就会在正常水平之下。当我们面临困境时，建立在以往经验和知识基础之上的思维定式，往往会产生消极的影响，成为我们思维行为的障碍。我们要充分认识到思维世界里存在的这个死角，逐渐超越旧有的思维模式，才能走出不幸的困境。

来看一则故事：

在一个小村庄里，老李和老王是从小玩大的伙伴，他们一直都很要好，只是老李头脑比较灵活，他很快就发家致富了。老李发财之后不忘朋友，他决定帮助老王脱贫致富。于是老李送给老王一头肥壮的牛，嘱咐他好好开荒，等春天来了撒上种子，秋天就可以收获并从此远离贫穷。

刚一开始，老王干劲十足。他满怀希望开始开荒，每天忙得晕头转向，也不觉得苦、不觉得累。可是没过几天，家里就没有足够的草供这头牛吃了，而且连家人吃饭都成了问题，日子比过去还难。老王就想，不如把牛卖了，买几只羊，先杀一只吃，剩下的还可以生小羊，长大了再拿去卖，就可以赚更多的钱。

于是，老王按照这个计划开始付诸行动，不过当他吃了一只羊之后，小羊迟迟没有生下来，他也就没有可以换成钱的东西了。日子又艰难了，于是他忍不住又吃了一只。这时老王又想，不如把羊卖了，买成鸡，鸡生蛋速度要快一些，鸡蛋立刻可以赚钱，日子立刻可以好转。

这时，老王把计划又付诸了行动，但是日子依然如此贫困，他又忍不住杀鸡，终于杀到只剩一只鸡时，老王的理想彻底崩溃了。老王看着家里剩下的唯一的一只鸡，想致富是遥遥无期了，与其现在等着饿死，还不如把鸡卖了，打一壶酒，买碟小菜，三杯下肚，万事不愁。

很快寒冬过去，春天来了，老李兴致勃勃地来探望老朋友，一进家门却赫然发现，老王正就着咸菜喝酒。再看当时他送的那头牛，早就没有了，房子里依然一贫如洗。

可见，掉进了“思维定式”的陷阱，只会让我们过苦日子，活得不快乐。

我们就不应被经验和固定的思维习惯所限制，要走出定势思维的误区，让自己变得更加老练、成熟，考虑问题更加全面、深刻。

1. 情况总是时时刻刻在变化着，处理问题的方法也不是一成不变的，固守着老经验、老传统，把它当成金科玉律，以为百试不爽，那就大错特错了；

2. 打破旧有的思维，开拓新思维；打破旧习惯，开创新习惯，让你思考问题的方式总是处于最前端，这样才能跨越思维定式的误区，才能更快地走出当前的困境；

3. 很多人遭遇到不幸，就是因为他把自己的双眼盯在了人生的“黑点”上，而忽略了人生大部分的“空白”之处；

4. 我们要学会放弃旧有的传统思维习惯，敢于用自己独创的甚至是颠覆传统的思维来指导自己的行动。

# 千磨万击还坚韧，任尔东西南北风

“咬定青山不放松，立根原在破岩中。千磨万击还坚韧，任尔东西南北风。”清朝扬州八怪之一的郑板桥曾如此赞美竹的坚韧精神。任凭风吹雨打，竹子始终顽强的生长。它那坚韧不屈的品格怎不令人肃然起敬？竹子迎春出笋、过夏溢翠、经秋傲霜、临冬不凋。一年四季青翠挺拔，所以被称为“岁寒三友”之一。同样，人的精神的可贵之处，就在于它的坚韧、在十它的锲而不舍、在于他的不屈不挠；当一种精神具备了这样的质地的时候，拥有它的人就可以创造出人间奇迹。而自古以来，雄才多磨难。磨难对于天才来说是一块垫脚石、对强者来说是一笔财富、对弱者来说是一个万丈深渊。既然“宝剑锋从磨砺出，梅花香自苦寒来”，身处逆境时，视其为“将降大任”于我的考验，只要咬紧牙关，坚持到底，就一定能干出一番成就、一番业绩来！

我们还要知道，在人生中不遭遇暗礁险滩，就不会激起人生中美丽的浪花；不懂得坚持的人，就不会奏响生命的乐章。由此可见，人只有在困难和压力下，才会以坚忍之心思考如何摆脱困境，从而迎难而上，寻找出路。

来看一则故事：

1955 年 8 月 7 日清晨，加利福尼亚金色海岸笼罩在一片茫茫浓雾中。这时，在海岸以西 21 英里的卡塔林纳岛上，一位 34 岁的金发女人穿着一身泳衣，走向了太平洋中，她准备开始向加州海岸游过去。

如果此举要是成功了，她就是第一个游过这个海峡的妇女，她的名字叫费罗伦丝·查得威莉。在此之前，她是第一个从英法两国的海岸游过英吉利海峡的妇女。

那天早晨，海水冻得她身体发麻，雾很大，她连护送她的船都几乎看不到。时间一分一秒地流逝，一个小时接着一个小时过去了。在电视机前，千千万万人关注着她的这次壮举。在以往这类渡海游泳中，她面临的最大困境不是身体上的疲劳，而是冰冷刺骨的水温。15 个小时后，她感到不仅很累，而且累得快抽筋了，因为前面还是一片白茫茫的海面，看不见陆地的影子，她感觉自己的承受能力直线下降，实在坚持不下去了，她最终选择了放弃，叫人拉她上船。

当她上来的时候，她不假思索地对记者说："说实在的，我不是为自己找借口，如果当时我看见陆地，也许我能坚持下来。"人们拉她上船的地点——当她上船的时候，才发现离加州海岸只有仅仅的半英里！

很多人认为查得威莉就此放弃了，因为她的确失败了。可是，查得威莉并没有就此认输，而是暗暗下定决心，一定要成功地游过这一个海峡。

两个月后的一天，查得威莉凭借自己顽强的毅力，终于成功地游过了卡塔林纳海峡，而且还打破了男子的纪录——比男子的纪录还快了大约两个钟头。

可见，查得威莉不畏艰难，就是因为她能够守住目标永不飘移。

我们也要坚韧，唯有千锤百炼，才能让我们长大成人。

1. 坚韧，会让我们更好地应对人生中的波折，拥有坚韧性格的人可以创造奇迹；

2. 人应该坚持到底，半途就放弃的话只会功亏一篑；

3. 强者会明确目标，并且不达目的不罢休，弱者则会在中途就打退堂鼓；

4. 经过千磨万击之后，我们才能够坚强，困难和挫折也就越来越容易应对。

# Chapter6
# 舍得，你更需要从容、淡定

有舍便有得，不舍便没有得。在得到的同时也会失去，在失去的同时也会得到，就有必要有这种辩证的态度了。

## 不要只抓着芝麻，因为还有西瓜

两个人，一样的有才、一样的努力、一样的出身背景，可是到后来，他们的人生却迥然不同，这是为什么呢？

因为他们的取舍态度不同：一个眼光狭隘的人，盯住的都是手中的“芝麻”；一个心胸广阔的人，看到的却是地上的“西瓜”。他们都在忙，一个忙来忙去得到的是蝇头小利，另一个却忙出了功成名就。

我们便可以看到，很多人遭遇这样或那样的不幸，但没有取得成功，仅仅是因为他们为了一点小利益而忽略了提升自己的空间和本领。

一位科学家便说：“如果结果是痛苦的话，我会好不犹豫地放弃掉眼前的短暂的快乐；如果结果是快乐的话，我会百般忍耐暂时的痛苦，因为我不能因小失大。”

那么，在做决定时就不能只考虑眼前而不考虑未来，要学会在不幸中取舍。

来看一则故事：

一位著名的画家举家移民到意大利。刚到意大利的时候，因一时找不到合适的工作，全家人陷入了生活的窘境。迫于生计，画家不顾身份来到街头靠给别人速画为生，希望通过卖艺来赚取生活费。

几天后，他突然发现一家商业银行的门口人来人往，热闹非凡。一位黑人画手正在那里聚精会神地画画。不到一小时的时间，这位黑人就得到了数目不小的一笔钱。

于是，画家也走过去，在银行大门口摆了一个地摊。显然，他的功底比黑人画手要高得多。人们争相涌到他的面前。几幅画过后，围观的人纷纷慷慨解囊，前来求画。

过了一段时间，画家赚到更多卖艺钱之后，就和黑人画手道别。他说要到著名的画廊里拜师学艺，和艺术家们相互切磋。黑人画手对他的行为不以为然。

三年后，画家又一次路过那家商业银行，发现那个黑人画手仍然在门口画画，而他的表情一如往昔，脸上露着得意、满足与陶醉。当黑人画手看见他突然出现时，很高兴地说：“好久没见了！你现在在哪里发财呀?”

画家说了一个很有名的画廊的名字，但黑人画手没有一丝反应，只是问：“那家画廊的门前也是个好地盘，也很好赚钱吗?”

“还好，生意还不错!”画家没有明说。

其实，黑人哪里知道，画家早已不比当年，他现在已经是一位国际知名的画家，还经常举办画展，并且他的画已经到了拍卖行里拍卖了，当年窘迫的苦难生活不复存在了。

再看一则故事：

在20世纪80年代，香港商人李嘉诚就有吞并香港码头九龙仓的想法，虽然那时李嘉诚就已经成为了香港首席富豪。然而，那个时候的李嘉诚，实力和声誉还都比不上船王包玉刚。所以李嘉诚一直心里没谱。

因为在他有意吞并九龙仓的同时，船王包玉刚也想吞并九龙仓，好为自己减船登陆后打好基础、做好准备。

形势很明显了，李嘉诚如果收购九龙仓，就会遭到了九龙仓故主怡和集团的强力抵抗，收购将会给李嘉诚带来前所未有的困境。以后，包玉刚要是他强劲的对手，很可能搞不好，会偷鸡不成反蚀一把米。

当时在香港，论实力和银行业的关系，能与怡和集团竞争的，就只有包玉刚，包玉刚对于九龙仓是志在必得。

李嘉诚经过再三思索，权衡利弊得失，胸有成竹，毅然决定把这个难啃的骨头给包玉刚，猜测包玉刚得到九龙仓，并且还会还自己一个人情。

事情的发展就如李嘉诚预想的那样，当他把九龙仓的股票转给包玉刚后，他得到了丰厚的利润。

其实，李嘉诚看得更长远，他为了得到更大的回报，把原来以10～30元买的九龙仓股票以30多元的价格转手给了包玉刚，获利1 000多万元。更重要的是，李嘉诚借助包玉刚的帮助，从汇丰银行那里承接了和记黄埔的将近一万股的股票，并且坐上了和记黄埔的第一把交椅。

可见，一个人不能只注重于眼前的利益，要在抓住芝麻的时候还想着西瓜，不然，到最后得不偿失，就只有自己一个人去领悟其中的苦头了。

## 不幸之后，你还会这样领悟

1. 挫折有大有小、有轻有重，是放弃西瓜捡芝麻，还是丢掉芝麻捡西瓜，这既可能涉及自身的利益，又涉及他人及整体大局的利益；

2. 当我们处在取舍两难的决择之间时，就应该掂量一下事情的分量，尽量采用舍小取大、弃轻取重的处理原则，这样才能避免以后陷入更大的困境；

3. 面对眼前的困境，不能够迷失自己、迷失于眼前的小苦难，要把更多的精力用在准备应对今后更大的苦难，从容地忽略掉眼前的不幸，这是一种明智之举；

4. 芝麻和西瓜哪一个才是自己想要的，要明确，只要到了最后不让自己更后悔就行了。

## 放得下过去，而看得远未来

人最难得的是放下，我们努力地付出往往是为了得到。可是，有时纵使我们是多么地努力，到后来却是竹篮打水一场空——让自己白白受折腾。面对这种情况，我们该怎么办呢，是继续坚持下去还是？此时，你已累得筋疲力尽，如果就这么“半途而废”的话，前面的功夫不是白费了？但要知道，如果我们努力地想要的那个东西并不属于我们，就有必要舍去了。

只有放下不属于自己的，才能有新的领悟、新的开始，才能早一日步入正轨。

有一个农民，他从小很喜欢写作，不过，他没有读过大学，成家后还不忘对写作的追求。然而，他写的每一篇稿子都没有得到出版社的采用。他的妻子对他说：“放下吧，写作并不适合你。”他说：“我非常喜欢创作，我也坚持了十几年，怎么能轻易就放弃呢？”妻子说：“写作并不能当饭吃，你看看，写了这么多年，哪一次拿到稿费了？况且你这么年轻，并不一定有丰富的人生阅历，哪里能写得出旷世名著？不如放下吧，好好地过日子。”他说：“我不安于农民的生活，我要通过写作改变自己的命运。”妻子说：“你的想法固然是好，但目前家里连米也买不上了，怎么还能够让你衣食无忧地去创作呢？放下吧，说不定你并不适合创作。”农民没有办法，只好暂且搁浅了创作的念头。

后来，农民接到了他曾经投稿的一家出版社的电话，那个编辑告诉他，他的文笔不怎么样，不过从他的稿子中可以看出他很热爱生活，如果他再多多地去体验生活，说不定会获得幸运，写出好的作品。

农民大受鼓舞，就开始了更深一步地体验生活。他种植了一片菜园，解决了家里温饱的问题。而当他30多岁的时候，他又想起了写作。这时候，他情感丰富、文如泉涌，不再像几年前那样写出的文章干瘪不生动了。

农民一开始并不愿意放下，但他那么努力却始终不见回报，尤其是家里快吃不上饭了，在妻子的一再劝说下他才放下了。

而农民放下了就可以一身轻松地投入到生活当中，让家里富裕起来。当然，若干年后，他有了那种人生阅历，再想写作就不是困难的事了。

基于此，我们有必要明白，如果一件事情一直不见效，并不是说我们不努力，有时候不放下更努力也不会见效果。我们有必要明白是不是该放下了，只有放下过去的不幸，才能迎接将来的美好。

想想看，放下过去我们固然会心不甘情不愿，但要是苦苦纠缠只会使自己疲惫。尤其是我们要能在保证生活的前提下面对过去，而要是连生活都顾不上了，再一味地坚持会有什么用呢？

不过，有的人会说只有坚持才会成功。的确，坚持在成功的路上很重要，有时候也说不定再坚持一步就会成功。但前提是要能很好地生活下去，不然就会更不幸了。而历史上固然有些人“千秋万岁名”，但他们创造出这么优秀的成绩，并不是在他们年轻力壮的时候。我们现在的任务是好好地生活下去，当然也不要失去梦想。如果梦想始终违背自己的意愿，只有暂且搁浅了，说不定放下了现在就会拥有将来，而要是一直不放下努力地追求却又得不到，只会更糟糕。

有一位女孩喜欢上了她同学的一个朋友，但那个男生并不钟情于她，因为那个男生早已有了女朋友。这个女孩追求了很久，都不愿意放下，每天都过得不快乐。女孩认为，即便现在时刻遭到男生的拒绝，她都不应放弃。如果她现在就放弃了，所有的努力都会付之于东流，而且一旦她错过这个男生就不会遇到更好的了。但是，男生后来却和他的女朋友结婚了。女孩伤心极了，没想到喜欢了他那么多年，他最终却是别人的丈夫。于是，女孩天天以泪洗面。可是，女孩也是个聪明的人，她知道喜爱的人不可能再是自己的丈夫了，有必要放下这一段感情了。她就强忍着不堪回首的往事去面对生活。由于女孩渐渐地放下了过去，她发现公司里有个一直喜欢着她的同事也不错。而且女孩细细地去打量，他帅气、家里有钱、知道疼人。女孩觉得这些年真是让同学的那个朋友给耽误了，有必要开始新的一段感情了。在公司这个男同事的追求下，女孩最终和他步入了婚姻的殿堂。婚后女孩很幸福，因为这个男同事一直就很喜欢女孩，他也默默地暗恋着女孩好多年了，在娶了女孩之后，当然会对她爱得深沉。

女孩放下了那个她一直喜欢多年的却和别人结婚的人，她才会走出不幸，而遇到幸福。否则，她追求的那个人已经是别人的丈夫了，她再苦苦地纠缠下去，只会让自己更不幸。

写到这里，不禁让我想起了台湾电影《那些年，我们一起追的女孩》里的情景：柯景腾从读国中时就一直暗恋着班里最优秀的女生沈佳宜，但是，暗恋沈佳宜八年却最终没有修成正果，沈佳宜成了别人的妻子，他只有忍着泪、含着痛，放弃了那一段感情。

其实，我们也要勇于放下过去，即便我们付出了很多的努力，如果我们不放下也不会有结果。特别是在我们一直心存着的那个希望变成绝望时，我们不得不选择放弃。因为，我们这时再坚持下去也会徒劳无功了。

我们只会哭泣、埋怨自己，然而，到最后并不知该怨谁，也并不一定是自己的错误，可是，事已至此，只有放下了。

放下了才会更好地面对未来，说不定我们放下了现在和过去，在未来不用自己苦苦追寻就可能遇到幸福。

## 不幸之后，你还会这样领悟

1. 在屡试不爽之后、在彻底绝望之后，只有放下了，放下过去才会走出不幸而看得远未来；

2. 我们放下需要有勇气和魄力，不能因为放下而去追悔；

3. 放弃才会有新生，不放弃只会苦苦纠缠更痛苦；

4. 我们没有拥有的便不属于我们，放弃了才会找到属于自己的。

## 春种一粒粟，秋收万颗子

唐朝李绅有一句诗："春种一粒粟，秋收万颗子。"意思延伸是，只有当你在春天里舍得播下一粒饱满的种子，到了秋天，你才可以得到许多金灿灿的果实。

在生活中，有些不幸就不是上天造成的，而是我们很早就酿成的，因为我们舍不得在春天播下那粒种子，结果到了秋天，才看到田地上一片荒芜、衰草连天的景象。

当遭遇这些不幸时，你会抱怨没有人来帮助你。而生活中的一些不幸，的确是需要别人来帮助你，因为一个人的能力和力量再强大，毕竟还是有限的。但是，还有很多人孤立无援，而那些大力布施、慷慨奉献、广结善缘的人，则会获益匪浅。

来看一则故事：

新加坡的钢索大王井方在创业初期，成立了一个小公司，从事钢索贩卖业务。

他的货源是台湾高雄市的一家钢索厂，该厂生产的钢索，每1米的麻绳价格是25新币。井方大量买进钢索，然后按照批发的原价在新加坡钢索市场贩卖。这种完全无利润的生意，很快让井方血本无归，公司也陷入了困境，因为没有利润，拿成本做开销，公司面临着倒闭的危险，很多员工纷纷跳槽，暗骂老板是一个神经病。

可是，井方并不在意，在所有人都背他而去时，只有他一个人还在困境中苦苦坚持着。做了一年之后，"井方的钢索确实便宜"的名声已经远扬，成百上千的订货单从各地源源而来。接着，井方按部就班地实施他的行动。他拿着订单前去订货客户处，无奈地说："到现在为止，我没有赚到你们一毛钱，如果你们还想买到比市场价格低得多的钢索，那我只能关门大吉了。"客户为他的诚实所感动，心甘情愿地把收买钢索的价格提高为30新币，同时要求长期供货。另外，井方又到台湾钢索厂那里商洽："您每条25新币价格卖给我，我是一直照原价卖给别人的，同时这一年也给你们带来了丰厚的利润，你看我这里还有大量的订单。如果这样继续无利而赔本的话，我已经没有资金支持了。"

钢索厂的销售经理看到他手里的一大摞订单和他卖出的价格收据存根，大吃一惊，像这样自愿不赚钱做生意的人，他们还是第一次遇到。于是决定降低价格，每条每米只收22新币。如此一来，每条钢索，除去所有的成本花销，井方每根钢索纯赚4新币，每天的利润就有80万。

井方的公司立马走出了困境，盘活了起来。创业10年后，他每天的交货量至少有5 000万条，其利润实在是难以计算。

可见，井方能够成功，正是由于他舍得抛出手里的那颗"粟"，才能得到无数的订单和丰厚的利润。

我们在面对那些亏损时，也要更从容，要舍得那一粒"粟"，及时调整心态，把不利的条件转化为有利的条件，会到秋天的时候，会收获万颗子。

## 不幸之后，你还会这样领悟

1. "舍不得孩子，套不住狼"，面对失去要理智；

2. 只有事先播下一粒种子，才能收获万颗子，不然不播种，到最后便不会有所收获；

3. 一个小小的舍去，会给你带来更丰厚的回报；

4. 目光放远，就不会为眼前的得失而耿耿于怀了。

## 什么都想要，会累死你

总有一些人，会什么都想拥有，但是，越是有这种欲望的人，到最后越会什么也得不到，因为已经累得再也无法享受了。

来看下面的一则故事：

很久以前，有一个农民，他每天早出晚归，但是收成甚微。因此，这个农民希望拥有越来越多的土地。

后来，有一位官员知道了他的情况，很可怜他的境遇，就找到了农民，对他说："现在我有一片荒芜的土地，留着也没有什么用。如果你在土地上跑，在跑到的地方都做下记号，那么那些土地就会归于你。"

农民一听，高兴极了。于是，奋不顾身地往前跑，当他累得想停下来歇一歇的时候，一想起家中的妻子、儿女都需要更多的土地耕耘，所以，他又拼命地往前跑。

结果，农民上气不接下气，再加上他年纪大，体力不支，"扑通"一声倒在地上，死了。

这种什么都想要的人，最终会因贪得无厌什么都得不到。

我们不要等到这种什么都想要累死后才去感慨了，有必要在累的时候休息一下，这样，才能更好地享受生活。

有一位公司的老客户来找段明博先生谈事情，可是段明博先生的秘书却说：“很抱歉，我们老板刚去夏威夷度假去了，您一周以后再来，段明博先生就回来了。”

“什么！一周？他扔下这么大的生意摊子，竟然要去玩七天？”客户的眼睛如同两只铜铃，仿佛质问的对象是自己的下属。

“是的，我们老板在临走之前，交代得很清楚，在这七天中不要用公事打扰他！”秘书毕恭毕敬地回答。

“那么，我给他打电话可以吗？”客户紧接着问，“我不谈公事！”

秘书犹疑了一会儿，还是将老板的电话给了客户。

客户拨通了段明博先生的电话，开始叫起来：“你工作一个小时可以挣400元，你一下子要休息七天，一天八个小时，一个月就少挣12 800元，一年你就少挣12个12 800元，老兄，这值得吗？”

段明博先生懒洋洋地在电话里回答说：“我一个月多工作七天，一天八个小时，我能多挣12 800元，可是我的寿命也许将会减少七年，七年的损失就是84个12 800元，到底哪种损失更大呢？”

可见，适时地放松自己，才会得到更多。这种休闲，会让我们更感美好，从而活在舒服与向往之中。

彭帅小时候的愿望是游遍大好河山，可是，走上社会之后，为了生活，他拼命地努力着。几年下来，都是很疲惫地生活着。他便认为自己很不幸了。

后来，因为在一个项目上获得了巨大成功，他得到了7万元的奖励。这7万元对彭帅来说，可以过一段放松的日子了。

于是，彭帅向老板请了假，坐火车来到了一直梦寐的旅游地——云南。看到那古色古香的吊角楼，大街上来来往往穿着各式服饰的少数名族，彭帅觉得增长了不少见识。

他还见到了婆娑的椰树、成群的大象、开屏的孔雀、跳跃的猿猴……他觉得更有活力了。

彭帅就能因为这份放松，在享受生活的同时，更好地在工作上创造出业绩。

我们便得知，有时候该放弃的就要放弃。只有舍得，才能活得更为可观！

1. 人生在世，总有些不属于自己，需要放弃；

2. 不能有太多的欲望，否则，会被欲望所累，活得疲惫；

3. 要以一种轻松的心态面对人生，会活得潇洒、惬意，不枉此生！

4. 每个人都想得到更多，但不能盲目地攀比、追求，充实、快乐、知足即可！

# 失去，也是一种获得

现在，人们总会认为自己很不幸，总是噩运连连。这里，首先要明白福与祸的关系。

有下面的一则故事，可以给你一些启迪：

相传，在中国古时候的边塞住着一位慈祥的老人。他对生活中发生的喜怒哀乐都能坦然地面对，对福祸也有很好地把握。

有一年秋天，他在外出放马的时候，看到有一匹马跑向了远方，这位老人并没有努力去追。

当他回到村子里后，村民们听说他的一匹马跑丢了，都过来安慰他。这位老人却“呵呵”地笑着说：“马跑丢了并不是一件坏事啊！我反而因为它能得到自由而感到欣慰。”

村民们都对老人的想法不解，认为他只是在自嘲罢了。

没过多久，村子里跑来了一群良马，原来是老人的那匹马带着它们回来的。它们便在老人的牲畜圈里安下来家。

这样以来，很快这则消息就传到了村民们的耳朵里。他们都过来向老人道贺，老人仍“呵呵”地笑着说：“我感谢我的那匹马失而复返，还感谢它带来了大批的胡人的良马。但是，这并不是一直值得庆幸的一件事啊，一切都在发展与变化之中。”

果然，不久后，老人的儿子因为爱马，在一次和朋友们的比赛中被摔了下来，而且摔断了右腿。

在面对这个不幸时，老人依然很淡定，村民们又过来安慰他，他仍笑呵呵地说："马把我儿子的腿摔断了，我不能责怪马，这是意外的也很自然的事情。我反而要感谢马，是它让我这个儿子增长了记性，我不认为这是一次祸害。"

村民们便认为老人又在自我慰藉，但一年之后，胡人大肆入侵中原。顿时狼烟滚滚，全国沉浸在一片抵抗外敌之中。很多年轻力壮的都被抓去参军了，老人的儿子却因为拐腿幸免于难。

这场战役持续了很长时间，那些参军的年轻人都战死了。村民们便沉浸在一片悲痛之中，这个老人便去安慰他们："这不一定是最不幸的，有必要振作起来，好好地过接下来的日子。"

村民们都担心老无所依，而且一场战争之后会让村子毁于一旦。正在这燃眉之际，天朝抚慰了他们，让他们拥有了粮食，得以过丰衣足食的生活。而且有另外的一些年轻人慕名而来，他们的这个村子又变得人丁兴旺起来。

我们便得知，福祸相依，有时候，大的失去便会有大的获得，不愿意失去便不会有所获得。如此，失去很多，也会收获很多，失去有时也是一种获得。

在一个深山里，有一位农民，他感到环境艰苦，难以生存，就寻找致富的办法。有一次，一个外来的商贩给他带来了一样东西，那样东西看起来很平常，但商贩说那不是普通的东西，而是苹果的种子。只要农民将这些种子种在土壤里面，两年之后就会长成一棵棵苹果树，便会有很多苹果。把这些苹果拿到集市上卖，便会赚到更多钱。

农民很高兴，便将苹果的种子收藏好，但他忽然想到：苹果这么贵，会不会有小偷来偷呢？于是，他选择了一片偏僻的山野来种植这些苹果的种子。经过两年的辛勤培育，种子长成了一棵棵苹果树，并且到了秋天还结出了很多苹果。农民很高兴，心想这一些苹果就可以让他过上好一点的生活。他便选择了一个阳光明媚的日子，准备这一天摘下成熟的苹果并挑到集市上卖掉。

他一大早就准备摘苹果，但当他爬上那片山野时，他惊呆了，不知从哪里飞来的鸟儿把他的那些苹果吃光了，满地留下的只是苹果的果核。农民很失望，整天沉浸在不幸之中。几年之后，他又来到了这片山野，让他吃惊的是，面前竟然有一大片郁郁葱葱的苹果树林，上面还结满了红通通的苹果。这些是谁种的呢？农民迷惑不解。他才想起，这一大片苹果林是那些飞鸟种的。原来是飞鸟把种子带到了附近，种子在附近生根、发芽，出现了一大片茂密的苹果林。

这样，农民就不用再为生活发愁了，这一片苹果林足以让他过上温暖的日子。

从上面的故事中，你能得出什么样的结论呢？你能否正视舍得，不为失去给心灵蒙上阴霾呢？

## 不幸之后，你还会这样领悟

1. 明白了福与祸的关系，才能在任何时候都从容不迫，而且你也会因为这份淡定，更好地面对接下来的日子；

2. 在生活中，如果有一扇门被关上了，那么会有另一扇窗户被打开；

3. 在失去了一项东西的同时，会获得另一项东西——这便是有舍才会有得、不舍便不会有得、有时失去了也是获得的道理；

4. 要宠辱不惊，去留无意，才能不被得失所奴役。

## 输得起，才赢得了

澳门著名赌王何鸿乐曾经说过一句话："在赌场中，能够赢得的人往往都是那些输得起的人。"其实，人生不就是一场赌局吗？

有的人由于不能很好地面对挫折或失败，当他们遇到一些情感上的、家庭生活上的或工作上的挫折、失败时，思想就崩溃了，这些人都是一些经不起失败或挫折考验的人，也是失败命运的可怜者。

如果我们能够在不幸时淡定一些，那么就能够正确地看待得与失的关系。输是什么，失败是什么？什么也不是，只是你更走近成功一步；赢是什么，成功是什么？就是你走过了所有通往失败的路，只剩下一条路，那就是成功的路。

只有先输得起，才能赢得了。

来看一则故事：

李兆华租了一个门面，做着经营纸业的生意。由于所在的街道处于低洼地段，他最害怕的就是夏天下大暴雨导致发大水的时候。每次夏天下大雨，李兆华都彻夜难免，望着门外的积水。所幸的是每次都是有惊无险，水没有涨多高，雨就停了。因此，这几天他的生意没有什么太大的损失，还算红红火火。

这一天，一次大飓风来了，带来了一场前所未有的大雨，雨水泛滥。"天哪！还差半尺。天哪！只差两寸了。"这是十几年没遇过的大雨，门前的街道水流汇集到了一起，瞬间就进入了店里。由于雨水太大，李兆华连沙包都来不及堆，店里所有的纸都浸透了水，所有的人试着抢救一些纸。可是纸会吸水，从下往上，一包渗向一包，而外面的水，还在不断往房子里淌。

正当店里所有的人手忙脚乱时，李兆华却停止了抢纸，冒着雨、蹚着水，走出了店门。几个小时过去了，暴雨终于变小了，最后停了，水也慢慢地退了，这时李兆华从外面回到了店里。可是，店里所有的纸都报销了，又因为沾上泥沙，连免费送去做回收纸浆，纸厂也不会要。李兆华估算了这一次的损失，起码有十几万元。于是，决定搬家。

时间过了不久，又来一次更大的台风，雨水泛滥比上次更严重。街道上停的车子全被淹了，好多地下室都成了游泳池。有些房子都淹到了屋顶。

可是，这次李兆华一家人比较幸运，只见他站在库房门口，气定神闲地看街这头淹水了，街那头也成了泽国，只有他的库房一点事都没有，因为他的房子处在地势最高处，而他停在门口的新车，也成了全市少数能够劫后余生的汽车之一。

然而，这次大水给了李兆华一个发财的机会。因为这场大水几乎将所有的纸店都淹了，连纸厂都没能幸免。人们急着用纸，印刷厂、出版社都急着需要大量的纸张，于是大家纷纷登门求见，为了及时拿到货，大家都愿意付出高价。

“你真会找地方，”有同行问，“从远处看，这里并不怎么高，你怎么知道这里水淹不到呢?”

“这个嘛!”李兆华笑笑说，“这可是我损失了十几万元的代价换来的。上次我店里淹水，我眼看没救了，干脆蹚着水，趁雨大，在全城绕了几圈，想看看什么地方不淹水。于是，我找到了这里。”

李兆华看着库房里库存如山的纸，得意地说：“这就叫输得起，如果不是上次损失了十几万元，今天怎么会有几十万元的盈利呢!”

的确，只有惨痛的经验教训，才能下次不吃同样的亏。

有一位名人也说：“年轻时赚了一百万远不如年轻时亏损一百万更有价值。”

可见，一次惨痛的教训，才能让我们更为成长，获得更多。

1. 在生活中，从容淡定的心态，远比沉浸在苦难中追悔和怨天尤人更为珍贵，那些到来的不幸并不可怕，可怕的是输不起，从此一蹶不振；

2. 人生不要怕输，因为每个人都会遇到各种不一样的不幸或者遭难，你可以做的就是在遭受不幸时寻找赢的机会；

3. 人生就像一场赌局，这次你输了，那么下次你有可能赢得更多，不要因为这次的输赢阻碍了你前进的脚步；

4. 输得起，放得下，让自己拥有一颗淡定从容的心，去看待人生的不幸与得失，这样即便输得很惨，你也不会受很大的伤。

## 得与失的艺术和分寸

“失”对每一个人来说，都有一个痛苦的过程，因为要做出牺牲，还因为“失”意味着永远不再拥有，但是，把握住“得”与“失”的艺术和分寸对人们来说至关重要。如果不想“失”，而想拥有一切，那么你将一无所有，这便是生命的无奈之处。

如果你不放弃繁华处的热闹，就无法享受花前月下的温馨……生活给予我们每个人的都是一座丰富的宝库，但你必须懂得正确把握住“得”与“失”的艺术和分寸，选择适合你自己应该拥有的，否则，生命将难以承受！

来看一则故事：

第二次世界大战终于结束了，美国、中国、英国、法国、俄国为了维持今后的世界秩序，几经磋商，决定在美国的纽约成立一个联合国，来负责协调处理国际事务，维护世界和平。当这个决议一出，一个头疼的问题便接踵而来，要成立联合国，却没有立足之地。

如果要买一块地皮，盖一座大厦，刚刚成立的联合国机构根本没有预算——身无分文。如果让各成员国各自掏腰包，可是联合国刚一起步，就要向世界各国搞经济摊派，负面影响太大。更重要的是，各个国家刚刚经历了一场世界大战，许多国家都是财政赤字居高不下，根本拿不出钱来。要在寸土寸金的纽约买下一块地皮，需要一大笔费用。成立联合国遇到了瓶颈。

听到这一消息后，当时美国著名的财团——洛克菲勒家族决定无偿资助，他们几乎投出了全部的资产——出资了 800 多万美元，在纽约买下了一大块地皮，无偿地赠予了联合国。同时，洛克菲勒家族还将毗连这块地皮的大面积地皮也全部买下。仅仅这一举动，洛克菲勒家族就陷入了极为危险的境地。

面对洛克菲勒家族的做法，当时有许多美国大财团包括赫赫有名的摩根财团，都感到不可思议。800多万美元，这是一笔不小的数目，无偿赠予这个刚刚挂牌的联合国，简直是一种自取灭亡的投资。他们纷纷断言："这样下去，不出几年，著名的洛克菲勒家族财团将会在这个世界上消失。"

然而，结果并没有这样，随着联合国大楼的建立，联合国在世界各国发挥着越来越重要的作用，它四周的地价像火箭般飞涨，一下子，周围的地皮建成的大厦就卖出了丰厚的利润，巨额利润源源不断地涌进了洛克菲勒家族，相比之下，当时赠予联合国大厦的地皮钱，简直就是九牛一毛了。

我们便可以得知，得与失的分寸拿捏的好，会大有益处。

要重视得失，真正懂得取舍的人，并不会被假象所迷惑，会笑到最后。

1. 祸与福可以在一定条件下互相转化，"祸"常常与"安知非福"连在一起，对任何事情要能够想得开、看得透；

2. 要以顺其自然的平静心态把握得和失，不抱怨、不叹息、不堕落、胜不娇败不馁；

3. 生活给予我们每个人的都是一座丰富的宝库，你必须懂得正确把握住"得"与"失"的艺术和分寸，选择适合你自己应该拥有的，否则，生命将难以承受；

4. 真正懂得取舍的人，会利用舍弃换回更大、更长远的利益。

## 放弃才能有更好的选择

世间有太多美好的事物，对没有拥有的美好，我们一直在苦苦地向往与追求。为了获得，而忙忙碌碌。其实真正所需要的，往往要在经历许多年后才会明白，甚至穷尽一生也没有结果。而对已经拥有的美好，我们常常又因为得而复失的经历，而存在一份忐忑与担心。夕阳易逝的叹息、花开花落的烦恼……对万事万物，我们其实都不可能有绝对的把握。拥有的时候，也许正在失去，而放弃的时候，也许又在重新获得。如果刻意去追逐拥有，就很难走出患得患失的误区。

人应当学会放弃，放弃那些不属于自己的东西。放弃后的路将会更宽广、放弃后的人生将会更充实。放弃不是退缩、不是逃避，放弃是为了做出更明智的选择。放弃是一种清醒、一种成熟、一种豁达、一种境界。学会放弃，你就学会了理解、学会了宽容，从而学会做人的道理。

一次默默的放弃、放弃一个心仪却无缘分的朋友；放弃某种投入却无收获的感情；放弃某种心灵的期望；放弃某种思想。这时就会生出一种伤感，然而这种伤感并不妨碍自己去重新开始，在新的时空内将音乐重听一遍、将故事再说一遍！因为这是一种自然的告别与放弃，它富有超脱精神，因而伤感得美丽！其实放弃也是一种“解脱”。

来看一则故事：

在浙江大学的中文系，有一位女大学生，疯狂地爱上了她的年轻、帅气的辅导员。辅导员虽然才刚刚三十岁，但是他已经结婚4年了，而且辅导员有一个温柔美丽的妻子，还有一个三岁十分可爱的孩子，夫妻恩爱，家庭和睦。所以，这个女学生对辅导员老师的爱，简直说是一点戏都没有，然而，这位女孩却疯狂地爱上了他，她甚至可以不顾一切，可一想到她是一位破坏别人和谐美满家庭的第三者，她的心里就非常痛苦。如果她要不爱他的辅导员老师，她又做不到，她每天都对她的老师朝思暮想。

感情的事情是不可勉强的，但是她又控制不住。女孩痛苦极了，她想她人生的第一次爱恋就这么痛苦、这么不幸。为了得到自己的爱情，这个女学生坚信水滴石穿，十分执着于自己的这种所谓爱情，不顾一切地追求这位男老师，不断地给他写情书，还跑到他家里去，弄得他十分尴尬，男老师无奈之下几次叫来了警察。

面对辅导员老师如此的绝情，女孩痛哭了一夜，决定离开他的这位辅导员老师。为了避开他，她选择了转系，转到了新闻系。

就在女孩转系没多久，在一次联谊活动中，女孩结识了一个男孩。男孩很阳光、很帅气，更重要的是，男孩非常喜欢女孩，对她非常好，简直把她看作是自己的公主一般。

女孩和男孩交往得很愉快，转眼之间，大学四年过去了。毕业后，他们在同一家公司工作。一年后，女孩和这个男孩幸福地结婚了。结婚那天晚上，女孩回想起四年前的决定，暗自庆幸，如果不是当初果断放弃了，恐怕永远也遇不到对她这么好的新郎了。

的确，一个人应该懂得放弃，不属于自己的东西再强求也没有用。放弃，才会让我们找到另一种选择，在另一种选择上心安理得。

## 不幸之后，你还会这样领悟

1. 人生的痛苦，往往就在于选择了错误的追求；
2. 当碰到不利的环境时，要适时转头，不然只会让自己头破血流；
3. 给不了就放手，得不到就回头；
4. 不要刻意去追逐拥有，选择在你放弃之后。

# 放下，便远离了痛苦

佛说：“放下屠刀，立地成佛。”可以这么认为，一个人要想远离心中的痛苦、心中的仇恨，唯一的方法就是学会放下，当你放下的那一刻，你的心便如释重负，那么压着你不堪重负的苦痛也将离你而去，那些不幸带给你的怨恨也将烟消云散。

可是，有人会问，如果真的是这样，为什么生活中会有那么多人仍旧在不幸中苦苦挣扎呢？那是由于人的本性所致，往往都是拿得起，而放不下。学会“放下”，这是非常不易做到的，当你有了功名，就对功名放不下；有了金钱，就对金钱放不下；有了爱情，就对爱情放不下；有了事业，就对事业放不下。

这样一来，我们肩上的重担，在心上的压力，会使自己活得非常疲惫。便有必要适可而止了，要从容、坦坦荡荡地放下。不然，生命的天平就有可能发生难以控制的偏斜，到时就会陷入苦痛的深渊。

来看一则故事：

相传在台湾的阿里山中，曾经住着一位大师，大师在山中清修，很少与世人来往。

有位中年的企业家在一次投资中失误，导致公司破产了，并且背负了一身债务。这可是他几十年苦苦打拼出来的结果，可是转瞬间就化为了乌有，企业家心里非常难过，他是多么不甘心，可是现实却不会因为他的不甘心而改变，企业家失败了，而且败得很惨。

后来，企业家听说了阿里山上住着这位智慧大师，就带着两只精美的花瓶去拜访，希望大师可以给他指点迷津。

经过一番苦苦地探寻，企业家终于在深山的一处竹林中找到了大师的住处，他向大师说明了来意。

大师看着面色憔悴的企业家，指着他左手拿的那个花瓶，说："放下!"

企业家放下了左手中的花瓶。

大师又指着企业家右手的那个花瓶，说："放下!"

企业家又放下了右手的花瓶。

这时，大师指着企业家空空的双手，说："放下!"

企业家纳闷地问："我已经两手空空了——手里没有什么值钱的东西呀，请问你要我放下什么呢?"

大师微微一笑，说："我并没有叫你放下你的花瓶，而是要你放下心中的苦痛、放下心中不甘、放下正在遭遇的不幸。当你把这些统统放下时，你将从生死桎梏中解脱出来。"

企业家恍然大悟，终于明白了大师所说的"放下"的真理。

下山后，企业家放下心中的苦痛，决定从零开始、从头起步。几年后，企业家又重新开了一家新的公司，而且规模比以前还要大。

可见，太执着只会让自己更痛苦。就有必要放下了，放下才会轻松、才会远离累赘。

## 不幸之后，你还会这样领悟

1. 当放下的那一刻，便会如释负重，一切的苦难便会烟消云散，你便会活在轻松的世界里；

2. 当灾难降临时，要学会放下，从容、坦坦荡荡地放下；

3. 成功并不总是青睐那些死守一个苦难的执着者，还格外偏爱那些懂得适时放弃的聪明人；

4. 什么时候放下，什么时候就远离了痛苦，所以放下要趁早，早放下、早解脱。

## 扫除负累，让背包变轻

你一定有过年前大扫除的经历吧！当你一箱又一箱地打包时，是不是惊讶自己在过去短短几年内，竟然累积了那么多的东西？你是不是懊悔自己为何事前不花些时间整理、淘汰那些不再需要的东西，否则，今天就不会累得连脊背都直不起来？

大扫除的经历，让很多人懂得一个道理：一定要随时清扫、淘汰不必要的东西，日后才不会变成沉重的负担。人生又何尝不是如此！在人生路上，每个人不都是在不断地累积东西吗？这些东西包括你的名誉、地位、财富、亲情、人际、健康、知识等；另外，也包括了烦恼、郁闷、挫折、沮丧、压力等。这些东西，有的是早该丢弃而未丢弃、有的则是早该储存而未储存。

问自己一个问题：是不是每天都忙忙碌碌，把自己弄得疲累不堪，以至于总是没能好好静下来，替自己做“清扫”？对那些会拖累你的东西，必须立刻放弃。扫除的意义，就好像是生意人的“盘点库存”。你总要了解仓库里还有什么，某些货物如果不能限期销售出去，很可能会因为积压过多拖垮你的生意。而在人生诸多关口上，几乎随时随地都得做“清扫”。念书、出国、就业、结婚、生子、换工作、退休……每一次转折，都迫使我们不得不“丢掉旧的你，接纳新的你”，把自己重新“清扫”一遍。

不过，有时候某些因素也阻碍我们放手进行扫除。譬如，太忙、太累；或者担心扫完之后，面对一个未知的开始，而你又不确定哪些是你想要的。万一现在丢掉的，将来又捡不回来，怎么办呢？

的确，心灵清扫是一种挣扎与奋斗的过程。不过，你可以告诉自己：每一次的清扫，并不表示这就是最后一次。而且，没有人规定你必须一次全部扫干净。你可以每次扫一点，但你至少要丢弃那些一直拖累你的东西。

来看一则故事：

有一个商人在一单生意上亏得血本无回，遭受了这样的打击，让商人心灰意冷，于是他约了几个朋友去探险——出去散散心，排解一下心中的痛苦。

当时，他们去探险的地方是一个荒漠地带。由于是第一次探险，商人准备并随身带了一个厚重的背包，里面塞满了食具、切割工具、挖掘工具、衣服、指南针、观星仪、护理药品等。商人临行前，对自己准备的背包很满意，认为已为旅行做好了万全的准备。

然而，当他们行走了第一天，商人就感到有点吃不消了，更没有心思去看沿途的风景了，相比心中的沉重，此时他背上的背包更沉重。又大又沉的背包快压得他一点力气都没有了，全身的骨头快要散架了。

这时，当地向导走过来，打开了商人的背包之后，突然问了一句："这些东西让你感到快乐吗?"商人愣住了，这是他从未想过的问题。他开始问自己，结果发现，有些东西的确让他很快乐，但是，有些东西实在不值得他背着它们，走了那么远的路，简直一点用处都没有。

于是，商人决定扔掉很多不必要的东西，接下来，他的背包突然变轻了，他感到很舒服，步伐也矫健了，和朋友们有说有笑，自己不再有束缚，旅行变得更愉快起来。

经过了这次探险旅行之后，商人得到了一个道理：如果生命里填塞的东西愈少，就越能发挥潜能。从此，他学会在以后的经商过程中，定期解开"包袱"，随时寻找减轻负担的方法，从此他的生意做得顺风顺水，不再那么艰难，以前会遇到的困境顿时没有了。

很快，商人又成立了一家大公司。

可见，没有必要的东西要学会放下，这样，才会让自己轻松前行。不然，步履沉重，除了可能累得爬不起来，到最后也很可能会一事无成。

## 不幸之后，你还会这样领悟

1. 明智的人懂得把全部的精力集中在一件事上，“剪掉”不适合自己干的事情，留下一个适合自己发展的空间；

2. 如果把心中的那些杂念一一剪掉，使生命力中的所有养料都集中到一个方面，那么将来你一定会惊讶，自己的事业竟然能够结出那么美丽丰硕的果实；

3. 人一定要随时清扫、淘汰不必要的东西，日后才不会变成沉重的负担，包括烦恼、郁闷、沮丧、挫折、压力等；

4. 学会选择，舍得放弃，是取其要者而为之，不要者而舍之，不为琐事劳心伤神，这需要勇气和胆略，它既是一种顾全大局的果敢，也是一种泰然处之的大度。

## 果断丢掉那些你最想要的

孟子说：“鱼，我所欲也，熊掌，亦我所欲也，二者不可得兼，舍鱼而取熊掌者也。生，亦我所欲也，义，亦我所欲也，二者不可得兼，舍生而取义者也。”

当人生的船负重太多时，我们也应该学着孟子去取舍，像船长那样把一些笨重的货物抛弃。可是有些人心里总是犹豫不决，甚至船沉海底还执迷不悟。

患得患失便是人生最常见的心理隐患、是人生的精神枷锁、是附在人身上的阴影。阴影的存在会挡住我们应该拥有的明媚阳光。生活中往往就有这样一些人，做什么事情之前都要反复考虑，做完之后又放心不下，对方方面面都考虑得尽量周到，如有不妥，就很担心把事情办砸并担心别人对自己的看法，极其注重个人的得失，他们被笼罩在患得患失的阴影之中，心房被得失纷扰得没有一丝安宁。

这些人在开始创业时，虽然艰难，可下决心、做决定时很痛快，不会想那么多。但是当他有了一些成就之后，就变得犹豫不决、患得患失了。因为他以前囊中无物，当然无所谓得失，现在有一些基础了，就害怕失去这个失去那个。人在害怕失去的同时，又期望什么都得到，想要这个，想要那个，所以才痛苦。而人们常说“舍得”。舍得，舍得——有舍才有得。要学会“舍得”，不能太贪，不能企盼“全得”。通俗地说，“舍”就是放弃。其实，得失都是一样，有得就有失——得就是失，失就是得，如果一个人的思想到了最高境界，应该是无得无失。

由此我们便要正确地看待个人的得失，不患得患失，才能真正有所收获。人不应该为表面的得到而沾沾自喜，认识人、认识事物，都应该认识他的根本。得也应得到真的东西，不要为虚假的东西所迷惑。失去固然可惜，但也要看失去的是什么，失去后我们得到的又是什么。

来看一则故事：

在很久以前，有一对兄弟在外面发了大财，身上背负着许多金银珠宝返乡。途中遇到一群盗寇追杀。最后哥俩被一条河流拦住去路，不得已只能涉水渡河。

在岸边，哥哥望着湍急的水流对弟弟说："水流太急，游到水中，若是觉得力不从心，就丢掉一点背上的金银珠宝，继续向对岸游；若再感到体力不支，就继续再丢，保住自己的性命才是最重要的！"

弟弟听了点点头。此时，盗寇跟踪而至，哥哥、弟弟急忙纵身入水，向对岸泅渡，没多久，弟弟就觉得颇为吃力，于是扔掉一半背上的金银珠宝。到了水中央，弟弟仍感到体力难支，无奈之下又把另一半也扔掉了！

弟弟筋疲力尽地上了岸，回头一看，哥哥还在离岸很远的水中挣扎，眼看就要沉下去了！此时，弟弟大喊："快扔掉金银珠宝！"

哥哥听到喊叫，也想解开背着的包袱，扔掉金银珠宝，可是，他已经没有解开包袱的力气了。最终落了个葬身水底的结局。

可见，在必要的时候，不丢掉最想要的，会赔得更大。

果断地丢掉，会给你带来新生！

1. 人的时间和精力有限，不为琐事劳神伤肺，便是一种富有哲学的活法；
2. 如果不丢掉最想要的，可能会丧失更重要的，赔了夫人又折兵！
3. 要保持良好的心境，知足常乐、淡泊名利；
4. 正确地看待个人的得失，不患得患失，才能有真正的收获。

# Chapter7
# 情绪掌控，是一场修行

掌控不好自己的情绪，就容易做傻事。人有必要在情绪中修行，才能避免错误，少走弯路。

## 侮辱，是最好的精神食量

现代人，面对别人的侮辱，常常会和别人大打出手，但这样就是不理智的了。

侮辱反而是促使我们奋发向上的精神食粮，到后来让别人由蔑视转为敬佩。

想当初韩信在还是平民百姓的时候，由于家境贫寒，常常被别人笑话。有一次，他到市集上去，被一个屠户当众羞辱，屠户说："你如果不怕死，就拿剑把我刺死；你如果没有那个胆量的话，就从我胯下爬过去。"韩信当时很气愤，但还是掌控好了情绪，从屠户的胯下钻了过去。市井的人都嘲笑他没有出息。后来，韩信被刘邦重用，成为了西汉王朝的开国功臣。那些当初嘲笑他的人只有佩服得五体投地了。

你便得知，羞辱反而能让我们长记性。

还有一个众所周知的故事，更能说明问题：

在两千五百年前的春秋战国，越王勾践继承王位。吴国却在此时攻打越国，但却被越国打败。后来，吴王阖闾死后，他的儿子夫差继承了王位。夫差没有忘记上一次的仇恨，就命令伍子胥、伯嚭日夜操练兵马，准备时机成熟时攻打越国。

两年过去了，吴军已经很强盛，在大湖一带打败了越军。越王勾践只得派大夫文种去求和。

吴王夫差答应了他们的求和要求，但条件是越王勾践夫妇要为吴王夫差做苦役。

越王勾践此时不能再傲慢了，便答应了这个侮辱性的要求。

在到达吴国后，越王勾践受到了很不公平的待遇。但勾践并没有把这种不满表露在脸上，依旧笑脸相迎。

又过了两年，夫差认为勾践真心归顺了他，便放勾践回越国。

勾践在回到越国之后，就决定报仇雪耻，但他担心安逸会消磨了自己的斗志，就在屋里吃饭的地方挂上一个苦胆，借此常常尝一尝苦胆的滋味，并扪心自问："能忘了会稽的耻辱吗?"

勾践还把席子撤去，把柴草当作褥子，时刻告诫自己要东山再起。

正是有了这种精神食粮，越国很快地强大起来。

经过十几年的卧薪尝胆、潜心地修养灵性，公元前473年，越王勾践终于率领军队打败了吴国，一雪国耻。

像越王勾践这种类似的"卧薪尝胆"的人还有很多，比如说西汉初年的冒顿单于。

他在刚自立为王起初，遭到了邻国东胡给的下马威。东胡首先派人强要了他的立过汗马功劳的千里马，冒顿当时并没有怒发冲冠，因为他知道自己的国家并不是东胡国的对手，就暂且掌控了情绪。

后来，东胡国得寸进尺，还要冒顿美丽贤惠的妻子。冒顿深知此时和东胡翻脸还不是时候，也知道舍不得孩子套不着狼的道理，又一次忍痛割爱。

多年之后，不满足的东胡又让冒顿割地求和，但这时候冒顿的部下已经很强大了，冒顿就怒发冲冠，拍案而起，振振有词地说："土地乃社稷之根本，岂能割让与别人？东胡霸我王后，索我土地，实在是欺人太甚！是可忍，孰不可忍？现在天赐良机，我们迫切所要做的就是灭掉东胡，以雪国耻！"结果，冒顿亲自披挂上阵，众人也同仇敌忾，一举歼灭了毫无忧患意识的东胡。

以上三个故事便可以证明，侮辱是最好的精神食粮。当我们遭受他人的侮辱时，就应该掌控好自己的情绪。

别人之所以会侮辱我们，是因为我们还不够强大。如果我们暗暗的修行，留得青山在不愁没柴烧，会有一天让那些藐视你的人后悔他们当初的行径。

当然，我们奋发向上，并不是让我们"报仇"，只是某一天让别人刮目相看，不至于活得很失败——颓废又堕落。

1. 侮辱反而更容易激起我们的斗志，最后赢取更多的面子；

2. 在受到侮辱时，要掌控好自己的情绪，要去修行，会有"咸鱼翻身"的机会；

3. 人们常说"人活一辈子是为了争一口气"，当遭到别人言辞、行为的侮辱时，要暂且按捺这口气，只有你足够强大，别人才会对你投来不一样的眼光；

4. 在得意的时候，想想自己受侮辱的情景，就会让这份食量更能刺激你的神经，让你越来越成功。

## 苗头不对，也不要杞人忧天

对于一些事情，我们没有必要杞人忧天，因为它发生的概率只有千分之一，甚至是万分之一，如果我们为了这一丁点儿的概率让绝望占据整个心灵，实在是大错特错。

于是，有的人当有和别人不同的想法时，就会焦虑不已，他们恐怕身边的灾难发生在自己身上。他们担心会不会像恐龙那样灭绝、会不会某一天地球被一颗流星撞击……像这种杞人忧天的人实在不少！

他们会寝食难安，脱离实际。

其实，每个人都应该在面对不对的苗头时，克制自己。

来看一则故事：

从前，有一个国王经常被一些奇怪的问题和想法所萦绕，不能控制住情绪。有一次，国王的国家经历了一场小地震，从此国王的情绪更加地不稳定了，常常处于极度焦虑中。

一天，他突然在半夜醒来，忙问身边一位非常有智慧的谋臣。国王焦灼地说："伟大的谋臣啊！我怎么也不会睡着，因为我不知道，究竟是谁在支撑着地球？如果它万一掉到万丈深渊，我们会不会摔个粉身碎骨啊？"

"陛下！"谋臣回答说，"地球是由一只体积庞大的象驮在背上的，我们人类不会被摔着，陛下看我们现在不是好好的吗？"

国王长吁了一口气，心里得到了宽慰，于是继续上床睡觉，但过了不久，他又在涔涔冷汗中醒来，把谋臣召到皇宫，又忧心忡忡地说："伟大的谋臣，请您告诉我，是谁在支撑着大象呢?"

谋臣回答说："大象站在一只大龟的背上。"

国王刚准备吹灭蜡烛睡觉，突然又一个问题冒上来："但是大龟……"

谋臣握住国王的手说："陛下，你应适可而止。否则，您永无安宁之日。"

国王为此也感到非常的痛苦，因为他每天担心的事情一件也没有发生，即便有时会刮风下雨，国家也没有出现大的自然灾害。有时城中有小的犯罪，并没有出现他所担心的国家发生了叛乱，生灵涂炭。

后来，国王渐渐地学着控制自己的情绪，不再过分地担忧，他心中的苦闷渐渐消失，他也变得快乐了起来。

可见，不必要的担忧，会吞噬正常的人生，会让自己在不安、焦虑和痛苦中度过。

我们就没有必要杞人忧天了，那些总担心晚上窗户关了没有、走路时有个影子在作怪……就是自己给自己增添烦恼了!

## 不幸之后，你还会这样领悟

1. 要让自己生活在一个有人群的环境中，并主动地和人多交流，多和自己的朋友、同事、亲人甚至是熟悉的人交流；

2. 回归理性，将自己的担忧从多方面想象和理解，不能仅限于狭窄的思路，多换个角度思考问题，可能会找到很多新的方法和途径来解除不幸；

3. 多参加一下集体活动，培养自己多方面的兴趣，适时地调节自己紧张的精神状态，渐渐改变过于拘谨、胆怯等不良个性，养成一种活泼、开朗、自信和热情的性格；

4. 苗头不对，也要像正常人一样去接受，才能化险为夷。

## 释然，不把过去的不幸留给明天

对于那些已经过去的没有价值的东西，我们根本没有必要把它们再留在大脑里，否则，时间久了，它们就会像池塘中的污水那样，会发馊、发臭的。与其让尘封的记忆腐烂发臭，我们不如像清理垃圾一样，及时把它们清理出去。

要想想，当我们为失去正午的太阳而哭泣时，反而把夜晚的星光也错过了。其实，在现实生活中，这种情况出现得太多了。

我们都可能会出现一些错误或是失误，会影响我们的事情或是我们的心情，那都是生活的一部分，可是不幸的是，我们会把这些错误或失误无限延长和放大，把我们的心永远地占据起来，从而像一把或利或钝的锯子，在一点点地锯着我们的心灵，令我们痛苦不已。

面对此种错误或失误，我们一定要学会宽容自己。要知道，在很多事情上，我们对别人很大度，唯独对自己却不能，这岂不是非常可笑？自己也是人，也是需要得到宽容的，如果你不能原谅自己，怎么能奢望得到别人的原谅？

你要在心中告诉自己：既然过去的已经无法再挽回，再多的伤痛和计较只会加重悲伤，甚至还会让人失去更多。同时，也要记住印度诗人泰戈尔的一句话：”如果你因为失去月亮而哭泣，那么你也将失去群星。”

来看一则故事：

有一天，一个男人下班后本想打的回家，可是一想到乘坐摩托车可以省几块钱，就打算坐摩托车回家。不料半路摩托车遭遇了车祸，男人因此失去了一条腿。朋友们来看望他，都为他失去了一条腿而难过，男人却笑了。朋友们都以为他精神不正常了。

“当我醒后得知自己失去了一条腿时，我心里想，完了，以后该怎么办？继而后悔那天选择了坐摩托车。不过后来我安慰自己说：‘既然已经成既定事实，再后悔也没用，还好只是失去了一条腿，而不是整个生命。’想到这里，我的心情就不再那么沉重了。所以，我现在有足够的理由笑啊！”

后来，因为少了一条腿，男人已无法胜任原先的岗位，不久后男人便接到了下岗的通知书。

朋友们知道后，准备了一大堆安慰他的理由，准备好好地安慰他一番。这次又让朋友们很是意外，见面时男人乐呵呵地，一点儿也不像失业的人。

“你不难过？那可是下岗通知书啊！”一个朋友问。

“既然下岗已成事实，我与其难过，还不如想；‘幸好只是失去了工作，但我并没有失去再创业的勇气啊！’所以，我没有理由难过！”

再后来，男人的妻子走了，还卷走了家中所有值钱的东西，就是因为家中的日子越来越艰难，妻子跟男人过不下去了。

朋友们知道后，都为他担心，以为男人经过这次打击，肯定会消沉，便都赶过去看望他。当朋友们敲开男人家的门时，男人一脸的欣喜，热情地招呼朋友们坐下。

“你是不是真的疯了？妻子走了，你一点也不难过吗？”朋友们冲他喊道。

“她走了，只能说明她并不是真心爱我。我失去一个不爱我的人，有什么理由难过呢？”

可见，释然地面对人生中不如意之事、烦恼之事、遗憾之事；释然地处理掉过去的不幸，明天会更为美丽。

## 不幸之后，你还会这样领悟

1. 与其让尘封的记忆腐烂发臭，我们不如像清理垃圾一样，把它们及时清理出去；

2. 既然过去的已经无法再挽回，再多的伤痛和计较只会加重悲伤，甚至还会让人失去更多；

3. 我们要常常思“快乐”的一二，而不去想“失意”的八九，因为这样你才能真的忘却人生的失意，真正得到生活的快乐；

4. 明天还有明天的事要做，把过去的不幸带到明天的人便是愚蠢至极。

## 坦然，迎接生命中不可避免的事实

美国诗人惠特曼在他的诗作《草叶集》里说："啊！我们要像树和动物一样，去面对黑暗、暴风雨、饥饿、愚弄、意外和挫折。"如果你不相信这个叙述，可以亲自尝试一下，对于不可改变的事实，你去反抗它试试，肯定会让你苦恼不堪，甚至有的人会以几夜几夜的失眠作为代价。这无异于自我虐待，不尝试也罢。

就有世界500强零售业巨人杰西潘尼说："哪怕我钱都赔光了，我也会很坦然，因为我坦然面对，所以看不出会有什么不幸。谋事在人，成事在天。我尽力了，所以无论结果如何我都欣然接受。"同时，美国心理学家威廉·詹姆斯也说："要乐于接受必然发生的情况，接受所发生的事实，是克服随之而来的任何不幸的第一步。"

对于我们生存的环境来说，各有各的严峻程度，当不得不面对恶劣情况的时候，与其逃避，不如快乐地去面对。快乐作为一种心境，它本身并不能决定我们的情绪。对外界环境的反应才能决定我们自身是否快乐的感觉，其实生活中的困境是不可避免的，但我们也有着自身的潜力，只要我们善于发挥利用，肯于克服一切困难，它就能够帮助我们渡过一切难关、就能调节好自己的情绪，而不会一味地伤心负气。

当然，"适应不可避免的事实"，也不是说我们要低声下气，丧失斗志，只要事情还有一线转机，我们就不能接受命运的摆布，我们不管处于何种地步，都要努力奋斗，实在不能"力挽狂澜"的话，我们也要保持"理智"，知道了这一点，就没有必要让其他的事情影响心情，搅乱了正常的工作和生活。

来看一则故事：

美国有一所著名的高等学府，它的名望和英国剑桥及牛津无异，几乎为全世界的知识分子所了解，它的入校门槛非常高，据说各科成绩要平均为90分以上才行，而且一门的学费就相当于普通大学一个月的支出。这所大学的学生经常穿着印有本校名称的T恤在大街上招摇。

即便这样，这个非常优越的学校却也有着严重的困扰：它和一个治安极坏的贫民区做邻居——学校的玻璃常被顽童打碎、学生的车子总是失窃，而且学生在晚上常遭抢劫，总之，治安很乱，令校方管理层感到非常棘手。

在该校的一次董事会上，一位董事愤愤不平："我们这么伟大的学校，竟有如此恶劣的邻居！"于是董事会决议一致通过：把那个不文明的邻居要想方设法赶走。

学校对此采取的措施是用学校雄厚的财力把邻近的房屋和土地全部买下，改为校园。结果是，校园是扩大了，但问题没有得到根本的解决，反而变得更严重起来，贫民虽然搬走了，只不过是外移而已，隔着空旷的校园，又与新的贫民区相邻，校园扩大后，人手反而不够了，于是治安更加恶化。

这时，董事会没有了主张，于是请来警察共商对策。警察说："当你们和领导相处不好时，最好的办法不是把他们赶走，也不是把自己封闭起来，你们应该试着去了解和沟通，发挥你们的教育功能，去影响和教育他们。"

在场的董事们一听，顿时哑然失笑，他们虽为世界最有名学府的董事，竟然想不起来这个属于他们的教育功能。于是，他们设立了平民补习班，派研究生去贫民区搞调查，为附近的中小学捐赠教学器材，还开辟空的校园为青少年的运动场，以供孩子们使用。

不过几年，学校的治安环境大大改观了，临近的贫民区也变得文明礼貌起来，也进入了精神文明的生活。

可见，当生命中遇到了不可避免的事实，就要坦然去迎接、要采取正确的对策，才能感化别人，使得棘手的问题得以解决。

1. 人只有适应不可改变的事实，才能改变这个残酷的事实，如果只和"事实"对着干，而不去解决，往往会事与愿违；

2. 对于那些不可避免的事实，我们不要抱怨、不要灰心，更不要苦恼，不妨试着愉快地适应；

3. 在克服不幸的过程中，你会发现，不幸的事情远没有我们想象得那么复杂，事情其实很好解决，只是我们用消极和烦恼挡住了自己前进的步伐；

4. 你可能没有足够的精力和情感，来适应这个不可避免的事实，但也要试着去承受，就好像感冒，在经历了短暂的苦痛之后，我们一定会振作起来，并会获得相应的免疫力。

## 淡然，过去的、过不去的都会过去

俗话讲的好：“兵来将挡水来土掩。”任何困难来了都会有办法解决，什么样的不幸也都会过去。事情发展到一定程度注定它有个结束，不幸到了一定阶段都会终止，所以，当苦难擦身而过的时候，我们固然不可能像佛家高僧那样进入一种无我，心外无物的高超境界，但我们至少还可以努力去做到临危不惧，临难不慌，成功时不要得意忘形，失败时也不灰心气馁，以一颗平静心坦然处之，学会淡然。

面对生存的种种不得意和不幸，如果一个人，真的能够放下遇到不幸时的慌乱和突受打击时的不知所措，而是让自己冷静下来、让世界安静下来，那么一切都会平静下来。抱着一颗淡然心，与周围环境协调发展，那么在瞬息万变的环境中，他就不会动辄患得患失，以致如秋雨中瑟缩的树叶般阵脚纷乱。

当一个人面对大起大落、失败失意时，都能保持一份淡然的心态，他就能清晰地看到事物内部存在的相互间的因果关系，于乱麻中理出一丝头绪来。这样的人一定能做到“天理自乍见时充拓，如磨尘镜，光彩渐增”。反之，遇事一味的慌乱，虽心可敬，但行可怕；或者遇事委萎靡不振、停滞不行，“惮其难，而稍为退步”，那你永远只能被不幸拖住后腿、永远在不幸的泥坑里爬不起来。

人的一生可能会有很多的不如意、会有这样那样的挫折，但是这些都并不重要，重要的是要有一种好的心态——一种平淡对待得失的心态。因为用淡然的心去看待不平常的事，那么再不幸的事也会变得平常起来。如果用一颗不平淡的心去对待一个小挫折，那么再小的事也可能搅得你天翻地覆。

何不保持一颗平常心去面对人生道路上的曲折和坎坷呢？淡然面对一切，我们就能如经冬不凋的青松，四季常青，融入环境，抵御刺激，奏出人生的强音。

来看一则故事：

英国拉瑞德保险公司曾从拍卖市场买下一艘船，这艘船曾经属于西班牙一家著名的轮船公司，它有着辉煌的航行经历，在太平洋上曾遭遇过147次冰山，132次触礁，23次起火，324次被风暴扭断桅杆，然而，却安然无恙，每次都从危险中化险为夷。

基于它不可思议的经历和在商业价值方面，可以带来巨大的收益，拉瑞德保险公司最后决定把它从西班牙买回来捐给国家。现在这艘外壳凹凸不平、船体微微变形的船就停泊在英国萨伦港的国家船舶博物馆里。

不过，使这艘船名扬天下的并非拉瑞德公司，而是一名来此观光的律师。当时，他刚打输了一场官司，委托人也于不久后自杀了。尽管这不是他的第一次失败辩护，也不是他遇到的第一例自杀事件，然而每当遭遇这样的不幸，他的心里便有种极大的负罪感。他不知该怎样安慰那些在生意场上遭受了不幸的人，那些人有的被骗、有的被罚，他们或血本无归或倾家荡产，也有的因打输了官司，落得债务缠身。

当他在国家船舶博物馆看到这艘船时，忽然有一种想法，为什么不让他们来参观这艘船呢？于是，他就把这艘船的历史资料和照片一起挂在他的律师事务所里，每当商界的委托人请他辩护，无论输赢，他都建议他们去看看这艘船。他对人们说："人生就像这艘船一样，也许你已经千疮百孔、也许你正在遭遇不幸，但是只要你怀着一颗淡然的心，那么再大的风浪，你也不会惊恐万分，而是泰山崩于前而不改色，平安度过一切困境。"

可见，就算遍体鳞伤，如果我们用一颗淡然的心去面对，一切不幸都会过去，便会迎接接下来的美好。

## 不幸之后，你还会这样领悟

1. 淡然面对得失，得之，不要大喜，不可贪得无厌；失去，切勿大悲，不可失去精神；

2. 得与失，不要看得太重，一切付之于笑谈中。不仅自己，面对他人的得失，也要坦然面对，做到宠辱不惊；

3. 淡然面对得失，需要一颗平常之心、一颗坦荡之心、一颗感恩之心、一颗博爱之心，能够淡然面对得失，才会生活，得快乐、才会幸福；

4. 拥有一颗淡然心，与周围环境协调发展，那么在瞬息万变的环境中，就不会动辄患得患失，以致如秋雨中瑟缩的树叶般阵脚纷乱了。

## 不足是自然，看得开很重要

暮春时节，小雨淫霏，一位少女伫立在悬崖，眼中挂满晶莹泪珠。她不明白，为什么她其他方面都好，偏偏不会说话。正是因为从小是哑巴，她受了多少苦头谁也难以知道。为什么非得让她永远也说不了话，不然她会嫁一个好丈夫，过上比现在幸福的生活。少女想着想着，又泪水“哗哗”直流。

她受够了不能说话的日子，想结束自己的性命，然而看到千丈高的悬崖她心惊肉跳，再看看远天，一抹夕阳微灿，有几只大雁在归巢。少女情绪稳定了下来，如果她今天就此跳下去的话，她永远看不到了眼前的美景，况且如果她就这么不争气，谁会为她流下伤心的泪水呢?

少女停留了脚步，再想想，虽然二十多年来她不能说话，不过她的爸爸、妈妈很疼她，亲戚朋友也没有把她当作异类。她是那么地漂亮、楚楚动人，而且有一手好手艺，做的饭也是香喷喷的。如果她就这样一闭眼，纵身跳下去，所有的一切就不再有了。

少女情绪更稳定了，她不能就这么轻生。况且现在她还没有嫁出去，并不是因为她是哑巴，而是她没有找到真正爱自己的人罢了。

她还是优秀的，起码其他方面上她比其他的女孩子突出。

想到这里，少女退了步，看到身边的花儿是那么的清新，附近有泉水“汩汩”地流动，她觉得她不能与这些美好永别了。

于是，少女擦拭了眼泪，嫣然一笑，决定以新的姿态投入到生活之中。

就这样，少女放弃了从悬崖上跳下去的念头，她好好地去赡养爸爸、妈妈，照顾着她那个家。

少女也不曾想到她会嫁个好人家，偏偏有姻缘的垂青，一个演艺界的名人来到她的家乡避暑。由于住在少女的家里，被少女的温柔、贤惠打动了。他决定娶少女为妻，少女不明白，那个演艺界的大名人后来告诉她，少女是那么的纯真，心底是那么的善良，如果她错过了少女，只会一辈子后悔。

少女感动极了，眼中闪动着泪花，在众人的拥簇下和那个名人步入了婚姻的殿堂。

谁也不曾想到，婚后少女生活得很幸福，当初那些认为她残缺的人就不得不羡慕她了，少女也因为拥有了幸福而庆幸自己的人生了。

少女一开始因为不会说话上的残缺想要结束自己的性命，但一旦她跳下去，所有的美好就与她无关了。好在少女情绪稳定了下来。让她不曾想到的是，她嫁得最好。因为那个名人看重的并不是她是个哑巴，她的才华、她的气质、她的德行，深深地吸引了那个人，她才获得圆满的婚姻。

至于我们，有可能会有某一方面上的残缺，但并不是我们所有的一切都比不上别人。说不定我们手残废了，头脑却比别人更聪明；我们眼睛失明了，听力却比别人更出色。

其实，不足是一种自然，看得开很重要。想想人无完人，我们何必因为自己不好的一面而看不到自己好的一面呢？而要是那样的话，只会让自己生气，埋怨老天的不公，但老天真的对我们不公吗？其实不然，如果你细细地留心，任何人都会有某一方面上的残缺，只是有的人发挥他们的长处成为大人物罢了。而那些只注重自己缺点的人，往往会故步自封，被眼前的不好所吓坏，结果过得忧心忡忡，很不幸。

1. 不足是一种自然，强求完美反而会没有效果；

2. 发挥优点，去弥补缺点；

3. 不要动不动就为没有别人好而生气，要很好地掌控自己的情绪，“金无足赤，人无完人”，我们永远是唯一的、做最出色的自己！

4. 这先天性的不幸要看淡，要很好地主宰、决定自己的人生。

## 豁然，宰相肚里能撑船

所谓幸福的人，是只记得自己一生中满足之处的人；而所谓不幸的人，是只记得与此相反内容的人。豁达便是一种超脱、是一种自我精神的解放。能做到豁达的人，会恢宏大度、胸无芥蒂、肚大能容、纳吐百川，心中就如有了一束不灭的阳光，永远晴空万里。

基于此，美国的一位作家说："没有豁达就没有宽容。一个人只有豁达、开朗、宽容才能接受别人，善于与他人相处，能承认他人存在的意义和作用，他也就能被他人理解和接受，为集体所接纳，就能与别人心无芥蒂地沟通和交流。"

的确，豁达的人比较宽容，能够尊重别人不同的看法、思想、言论、行为、宗教信仰。虽然他们也有不同意别人的观点或做法的时候，但他们会尊重别人的选择。给予别人自由思考和行为的权利。有时候，往往是豁达产生宽容，宽容导致自由。而在生活中，我们说某些人心胸宽广，是因为这种人虚怀若谷，有海纳百川的度量。他们能包容别人，即使是对自己的嘲笑和讽刺，有这种心胸的人，不会被生活所累，自然会活得轻松快活。

来看一则故事：

一天，方丈打发他的一个年轻小和尚下山化缘——给寺里补充一些日常用的东西。

可是，当小和尚回来后，一脸不高兴的样子——表情非常苦闷。

方丈便问小和尚："到底发生了什么事，你像生了一场大病似的，一副无精打采的样子？"

“我在下山化缘的时候，那些人都看着我，还嘲笑我。”小和尚撅着嘴巴说。

“为什么呢?”

“人家笑我个子太矮，可他们哪里知道，虽然我长得不高，但我的心胸很大啊!”小和尚气呼呼地说。

方丈听后，没有说话。过了一段日子，方丈拿着一个脸盆与小和尚来到附近的海滩。

方丈先把脸盆盛满水，然后往脸盆里丢了一颗小石子，这时，脸盆里的水溅了出来。接着，他又把一块大一些的石头扔到前方的海里，大海没有任何反应。

“你不是说你的心胸很大吗?可是，为什么人家只是说你两句，你就控制不住自己情绪，被别人所左右呢，就像被丢了颗小石子的水盆，水花到处飞溅!”

小和尚恍然大悟，从此豁然看待人们的嘲笑，走出了人生的困境。

再看一则故事:

据说公元200年，曹操的死对头袁绍发表了讨伐曹操的檄文。在檄文中，曹操的祖宗三代都被骂得狗血喷头。曹操看了檄文之后问手下人:“檄文是谁写的?”手下人以为曹操准得大发雷霆，就战战兢兢地说:“听说檄文出自陈琳之手。”曹操连声称赞道:“陈琳这小子文章写得真不赖，骂得痛快!”

官渡之战后，陈琳被曹操所俘。陈琳心想:当初我把曹操的祖宗都骂了，这下子非死不可了。然而，出人意料的是，曹操不但没有杀陈琳，还让他做自己的文书。曹操与陈琳开玩笑地说:“你的文笔的确不错，可是，你在檄文中骂我本人就可以了，为什么还要骂我的父亲和祖父呢?”

后来，深受感动的陈琳为曹操出了不少好计策，使曹操颇为受益。

可见，当遭到别人的嘲笑、侮辱和讽刺时，要有豁达的胸怀，要能宰相肚里能撑船，那么，就会打动别人，助你一臂之力。

1. 豁达的心境有利于开发人的创造力，人只有豁达，才能完善自我，才会永葆青春、魅力永恒；

2. 豁达是一种乐观，乐观是无价的，一个乐观的失败者终将有东山再起的机会，并且他的乐观还能推动他人奋勇向前，而一个忧心忡忡的成功者，显然是不值得效仿的；

3. 豁达的人在遇到不幸时，除了会本能地承认事实，摆脱自我纠缠之外，他还有一种趋利避害的思维习惯；

4. 豁达的人会情绪更稳定，不至于在大事当前乱了方寸。

## 遇到不幸不要总抱怨

《荀子·荣辱》中有云："自知者不怨人，知命者不怨天；怨人者穷，怨天者无志。"意思是说，有自知之明的人不抱怨别人，掌握自己命运的人不抱怨天；抱怨别人的人则穷途而不得志，抱怨上天的人就不会胸有抱负、立志进取。

同样，阿里巴巴集团 CEO 马云这样说："一个人要想成为一名优秀的企业家，首先你要有永不抱怨的智慧。"

要知道，抱怨是一个人前进路上最大的敌人。当出现问题的时候，要想到解决的方案，才能让人满意；不然满腹牢骚——不断地抱怨这、抱怨那，只会让人敬而远之。

这种爱抱怨的人是不受欢迎的，无论是在职场还是在日常生活之中，最终只会把自己的路给走绝。

来看一则故事：

冯萧萧大学毕业后，在一家民营企业找了一份不错的工作，并且对工作充满了热情。每天下班后，和同事们一起乘坐公司的班车回家，可是，没过多久，冯萧萧就不再坐班车，而一个人打的回家。

也许大家会感到奇怪，是不是冯萧萧和同事们相处得不好？其实，冯萧萧宁愿自己花钱打的回家，也不坐免费的班车是有原因的。原来在班车上，有一个同事每天都在下班的时候说公司这里不好，那里不好，抱怨老板总是喜欢鸡蛋里挑骨头、抱怨公司的产品不好，决策不到位等。冯萧萧说："每天早上到了公司，我就开始了一天的紧张工作。每晚下班后听他不停地抱怨，大肆批评，让我感到非常的郁闷，直接影响到了我第二天工作的心情。”所以，冯萧萧这才决定一个人独自回家。因为她不想被那个爱抱怨的同事所传染，改变她的工作热情，影响她的工作质量。

时间不长，那个总是爱抱怨的同事由于工作业绩不佳，被公司辞退了；而冯萧萧一天到晚无怨无悔地工作，表现得很出色，在短短的半年时间内，就被提升为了经理助理。

再看一则故事：

何比来是公司的一名业务精英，在年终业绩评比时，他的业绩是全公司的第五名，他算了一下，他在年终的时候可获得2万元年终奖。一想到这，何比来心里就乐呵呵的，工作起来也更加卖力。可是出乎所有人意料的是，公司公布的奖金名单上竟然没有写上何比来的名字，可是比自己销售业绩差的同事都被选上了。

何比来简直不敢相信，以为是公司弄错了，于是，何比来决定找上司讨个说法。上司拍拍他的肩膀，语重心长地说：“这次年终奖的发放，不仅看业绩，更重要的是公司进行了无记名问卷调查，考核一个人工作品质占了很重要的比例。单位里很多同事都向我反映你在工作中，牢骚与抱怨太多，让同事间彼此产生很多误会，团队士气低落，有几次还导致一些客户丢失，所以，公司决定取消你的奖金资格。借这次机会，希望你能好好反思一下，争取来年做得更好。”

听了上司的话，何比来感到很是羞愧，低下了头，然后，一言不发地退出了上司的办公室。因为他心里清楚上司说的一点也没错，自己在工作中一遇到不顺心的事总爱发牢骚、爱抱怨，为此，同事们还在私下给他起了一个“抱怨鬼”的绰号。

可见，抱怨是多么不必要。抱怨的人会让人疏离，最后一个人落到悲惨的下场。

1. 无论什么样的工作都要做好，不是为了别人，而是为了自己，因为大凡一个成功的人，都不是靠抱怨混出来的；

2. 少发点牢骚、少抱怨几声，是一种低头做事的智慧、是一种低调的态度，这样一来，你就可以把那些没有用的怨声载道转化到实际的工作中，从而去解决要解决的问题；

3. 如果事事抱怨，做事就不会太投入，就会在困境中拔不出来，即便你付出很多辛劳，也会因为抱怨而打了折扣；

4. 要想成为一个能真正赢得不幸的人，就要丢下一颗抱怨的心，不抱怨、不埋怨是一个人战胜困境的制胜法宝。

# 朋友应相互信任

在经过了社会的不断颠簸之后，才知道朋友不再像学校里的那样单纯了，很多时候只是在为自己着想，这“人不为己，天诛地灭”便是朋友之间最大的致命伤了。会因此得罪人，和很多人反目成仇。

为了更好地赢得友谊，在和朋友交往之中，要本着信誉、尊重、信任、责任的本分。

这里，我们来具体说一下子信任。先看一则故事：

有一位年轻人去拉萨旅游，在火车上，他认识了一个藏族青年，由于他俩坐在一起，便谈起了话。不觉越说越投机，便成了朋友。

到了拉萨，年轻人和藏族朋友分开了。

有一天，年轻人去一个旅馆订房，恰巧又遇见了藏族朋友，藏族朋友也是来这里订房的，他们俩就决定订一个双人间。

当到了房间里后，藏族朋友拿出一个布袋，里面有一些虫草，年轻人惊奇地问：“你要这些虫草做什么呢?”藏族朋友毫无戒备地说：“这些虫草可是宝啊，值好多钱呢!”年轻人看着那些虫草说：“还是把袋子扎好吧，以免弄丢了。”

藏族朋友笑了笑，说：“不打紧，不会弄丢的。”

年轻人和藏族朋友坐下来，又聊了很久。

当要睡觉的时候，年轻人把自己的钱、卡、证件等压在枕头下，并且对藏族朋友说：“我在外旅行，要防着点。”

藏族朋友没有说话，回到自己的床上睡了。

第二天，年轻人醒来的时候，却发现藏族朋友已经走了，年轻人慌忙去看他枕头下的贵重物件，一个也没有丢，年轻人终于松了一口气。可是，藏族朋友为什么要不辞而别呢？

年轻人不明白，当他到服务台结账的时候，服务小姐却说："账已经结过了。"

年轻人一时摸不着头脑，这时，服务小姐又说："是昨天和你一起来的那位先生付的账，对了，他还留了一张纸条让我转交给你。"说完，服务小姐把那张纸条递给了年轻人。

年轻人打开纸条，只见上面写道：对不起，我的朋友，我不得不不告而别。因为从你把衣服等塞在枕头下可以看出还没有把我当作朋友，账已结，祝你旅途愉快！

年轻人看后，懊恼不已，没想到因为他的不信任，结果得罪了朋友。

这个年轻人和藏族青年成为了朋友，但却对他防备，像防贼一样，结果由于这种不信任致使他们之间的友谊不告而终。

我们便会得知，信任不会有隐瞒或背叛。在此我也不再举反面的倒戈的例子了，来看一个正面的实例吧：

在两千多年前的古罗马，有一个叫皮斯阿司的民族起义首领，他是一个孝子，同样对朋友也非常信任，朋友对他也非常信任。

有一次，皮斯阿司率领起义军，攻打罗马城，但是到最后还是被镇压了下去。皮斯阿司因此被俘。

国王决定，在星期五这天，将皮斯阿司在公共广场的行刑柱上砍头示众。

这一决定公召天下后，人们议论纷纷，都说皮斯阿司是一个孝子，现在他的老母亲一定是无人赡养了。

听别人这么说，国王很感动，问皮斯阿司："你不久就要离开人世了，你有什么愿望？"

皮斯阿司说："我起兵这么多年，从没有见过母亲一面，我想要见她最后一面，为她梳梳头发，然后吻她一下……”

国王听着听着，觉得皮斯阿司的确是一个孝子，便对皮斯阿司说：“现在给你一次机会，你可以回家看望你的老母亲。但是，你离开了后，我怎么会相信你是否还会回来受刑呢?”

皮斯阿司说：“这个你不用担心，我尽完最后的孝顺后就会回来。”

“最晚到什么时候?”

“周五日落之前。”

“你能否让我更放心?”

皮斯阿司顿了顿脑袋说：“这样子吧，在罗马城里，我有一个最好的朋友，他叫达蒙，可以代替我当人质。如果我没有按时回来，你就可以把他杀掉。”

国王将信将疑，皮斯阿司对他说：“如果你不相信的话，可以和我到达蒙家去走走。”

国王就同意了。

来打达蒙家后，皮斯阿司说明了缘由，达蒙马上点头同意让他做人质。

于是，达蒙被国王率领的卫士抓走了，他被绑在那个行刑柱上。而皮斯阿司快速地向家跑去，去看望他的老母亲。

周一过去了，周二、周三、周四接着也过去了……每过一天，公众广场上的“看客”都会讽刺和挖苦达蒙：“你这个傻瓜，你的朋友不会回来了……等着瞧吧，被砍头的一定是你!”

但达蒙相信他和皮斯阿司的友谊，于是静静地等待着。

终于到了周五，皮斯阿司还没有来。这时候，国王也着急了，对达蒙说：“看来，皮斯阿司已经逃之夭夭了。”达蒙说：“他会回来的。”国王嗤笑着说：“你被他骗了，我也被他骗了，他是把你当作替死鬼。”达蒙仍咬牙相信皮斯阿司会回来。

国王说：“他是孝子，能善待他的老母亲，我才让他回去的，看来，他不可能回来了。”

附近的“看客”们也议论纷纷，都在指责达蒙的傻瓜行为。

眼看着太阳慢慢地就要落下了，国王和看客们紧绷的心弦也松弛下来。眼看着达蒙就要被执行刑令，刽子手的屠刀也高高地举起了……这时候，忽然人群中有一个声音："看，他回来了！他回来了！"

顺着那个声音，人们回头望去，只见夕阳西斜处，有一个人影缓缓地挪动着。

人们清楚地知道他是皮斯阿司，都屏住呼吸。国王也让侩子手暂停一会儿，看看皮斯阿司回来到底要搞什么名堂。

皮斯阿司步履蹒跚地走了过来，他的衣服早已被荆棘挂成了碎片，脚上早已没了鞋子，脚底被磨破，露出了骨头。在他跑过的身后，留下了一条血迹。

终于，他跑到了死刑柱前，扑上去抱住达蒙，说："我回来了，让你久等了。"说完，便晕厥了过去。

国王马上下令等皮斯阿司醒了过来再判决。终于到了傍晚，皮斯阿司苏醒了，问："我的朋友还在吗？"

国王说："他还在，现在已经过了斩你的时刻，不过，我还是决定要杀你们其中的一个。"

皮斯阿司疑惑地说："为什么不说只杀我呢？"

国王说："我被你的精神所感动。"

皮斯阿司说："但达蒙那么信任我，你不为他感动吗？"

国王考虑了良久，叫来达蒙，问他："如果我要杀死你们其中的一个，你认为应该杀谁呢？"

达蒙说："国王你说呢，我都甘愿替他当人质，还害怕被杀吗？"

"万一他不回来了，被杀的一定是你啊！"

达蒙说："我相信他会回来的。"

"为什么？"

"因为我们是朋友。"

国王深深地被皮斯阿司和达蒙的精神震撼了心灵，并为他们的那份真情所感动。到最后，他抽出了腰间的佩剑，分别在两个人的右肩上重重地拍了一下，又向门外挥了挥手。按照那个时代的风俗，

国王的举动则意味着：他们两人的身份从此由“奴隶”或“死囚”，
变成了“自由人”。

正是这种信任，到最后才成就了两个人的命运。这种信任会让友谊之树更为长青!

我们便不能因为蝇头微利、不信任，和朋友结下仇恨，甚至老死不相往来。

1. 不信任的友谊维持不了多久，终究会不欢而散；
2. 要很好地修养这一份信任度，要选择朋友去交往；
3. 在朋友背叛之后，怒火中烧反而无济于事，要仔细地想一想缘由；
4. 对于那些言而无信的人，最好避而远之。

## 经得起考验的忍

俗话说："忍字高来忍字高，忍字头上一把刀。"忍，便是人生中最难得的修行。

来看一则故事：

从前，有位修行者，动不动就对人发脾气，因此，许多人疏远了他。修行者觉得这样长期下去不行，得改掉暴躁的坏脾气，左思右想，终于想出了一个好办法。

于是，修行者花费了大量的钱财，请人盖了一间庙宇。为了显示自己的诚心，他让人在庙宇的横匾上刻了"百忍寺"三个大字。渐渐地，那些疏远他的人开始亲近了他。修行者心里高兴，感觉自己改掉了脾气暴躁的坏毛病。

有一天，一位过客想试探一下修行者是否如以前一样脾气暴躁，就对他说："您好，先哲，请问一下横匾上的三个字是什么？"

修行者很自然地抬起头，满不在乎地说："百忍寺。"

过客笑了一下，继续问："对不起，先哲！我没有听到，麻烦您再说一次。"

修行者显然不高兴了，但没有表现出来，耐着性子说："百忍寺。这回你可听仔细了！"

过客故意搔了一下耳朵，继续问："什么？请再说一遍！"

修行者忍不住了，大声喊："百忍寺。你听不明白吗？"

过客这才"呵呵"地笑说："先哲这下可露底了，我以为您能经得起考验呢，然而，刚刚问了三次，您就这样受不了，还建什么百忍寺?”

修行者一听，很不好意思，连忙收敛起愤怒的情绪，微笑着向过客赔礼道歉。

我们便得知，控制好自己的情绪，会不得罪人，又能赢得别人的尊重。

佛学《入菩萨行论》中也说：“罪恶莫过嗔，难行莫胜忍。”安忍的智慧便显得很重要。

我们要能忍得住，在面对无缘无故的羞辱、无中生有的诽谤，要能忍下来。

石油大王洛克菲勒曾经被状告上法庭。在法官开始审判时，对方的律师拿出了一封信，并非常气氛地对洛克菲勒说：“洛克菲勒先生，我们的回信您收到没有？给我们回信了吗?”洛克菲勒很自然地说：“收到了，没有回信。”对方的律师一听，更怒不可遏，拿出一封封信质问洛克菲勒，但洛克菲勒始终没有动容。面对洛克菲勒的从容，对方的律师开始在情绪上失控了，最终章法大乱、败掉了这场官司。

洛克菲勒面对如此大动肝火的人，没有将这种情绪表露在外，在气场上压倒了对方、在官司上赢得了对方。

忍便显得更为重要，会让我们控制好自己的情绪，不至于做出傻事。

## 不幸之后，你还会这样领悟

1. 我们在压抑自己情绪不住的时候爆发出来，当时感觉很爽，但却要为此带来的苦果埋单，会得不偿失，并为自己的冲动抱怨；

2. 当遇到不顺心的事，要用理性的思维去看待周围的一切，才不会因为控制不了自己而自食其果；

3. 忍是最大的修行智慧，会度化别人；

4. 在修安忍时，不应沾沾自喜，要能经得起时间的考验。

## 冷静，别动不动就吹胡子瞪眼

每个人都有这样的体验：在与人交往过程中，不论我们做得多么好，做出多大的让步，可是最后还是不能够让对方的满意，客户仍在那里“横挑鼻子竖挑眼”，在“鸡蛋里挑骨头”，他们在那里喋喋不休地说着自己的不满。每当这个时候，很多的职场人就耐不住性子了，觉得自己忍无可忍了，于是摆开了架势，决定和客户一争高低。如果一个人不能够保持冷静，做事容易冲动，情感特别强烈，理性控制很薄弱，鲁莽如影随行，听不进别人的话，易动肝火，急于表态，轻易决策，不计后果，不能接受现实、冷静分析后采取出正确的应对措施，就很容易使事情被带入更复杂、更被动的情境之中。而人们也常说：“人生不如意十有八九。”在职场上遇到客户的不满便是家常便饭。为此，冷静便是解决问题的最好对策。

一般来说，冷静的人能够低调行事，爱冲动的人不容易控制自己的情绪，反而容易在客户面前摆出高姿态，这样一来，盛气凌人的气势会让合作功亏一篑。

来看一则故事：

1979 年，艾维克到克莱斯勒汽车公司任总裁时，接手的是一个烂摊子，公司已经债台高筑，濒临破产。面对这样的不幸，艾维克万般无奈之下，只好求助于政府，希望得到美国政府的担保，获得银行 10 亿美元的货款，用于公司新型轿车的研发。

可是，这种做法很快遭到了外界的一致斥责，因为在美国企业界有这样一个共识，那就是依靠政府的帮助来推动企业发展的做法，是违背了自由竞争原则的。一时之间，艾维克被推上了风浪尖口之上。

企业界、舆论界、美国政府和国会的人一致斥责艾维克，甚至把与克莱斯勒所有的客户都牵扯了进来。客户们为了明哲保身，纷纷提出解除原来的合约。面对客户的无理要求，艾维克并没有冲动地和客户去理论和争吵，而是进行了冷静的分析，采取了“分兵合进、各个击破”的战术，耐心地为客户清扫社会舆论的障碍。

首先，他举出了他并不是美国第一次向政府申请贷款的企业，过去的洛克公司、全美五大钢铁公司和华盛顿铁路公司都曾先后取得过政府担保的银行贷款，总额高达5 000多亿美元，而克莱斯勒公司仅申请了10亿美元，却受到企业界的一致菲薄，这是不公平的。

接着，艾维克向舆论界郑重说明：向政府申请贷款来挽救克莱斯勒公司，正是维护美国的自由企业制度，保护市场竞争。目前，美国只有三家大汽车公司，一旦克莱斯勒公司倒闭了，整个北美汽车市场就将被通用和福特两家公司垄断，这样一来，以自由竞争精神著称的美国自由竞争市场，实际上是名存实亡的。

对于政府，艾维克则表现得不卑不亢，他提出了言辞温和而骨子里却很强硬的警告，他替政府热心地算了一笔账：若是克莱斯勒公司现在破产，那么，将有60万工人失业。仅破产的第一年，政府就必须为此支付27亿美元的失业保险金和其他社会福利开销。他彬彬有礼地向当时正为财政出现巨额赤字的美国政府发问：“你是愿意白白地支付27亿美元呢？还是愿意出面担个保，帮助克莱斯勒公司向银行借出10亿美元贷款呢？”

对于合作的客户，艾维克的工作更是出奇地冷静应对：他吩咐公司的所有人，为每个客户开出一张详细的清单，上面列有客户所在选区内所有同克莱斯勒公司有经济往来的代销商、供应商的名字，并附有一份如果克莱斯勒公司倒闭将在其选区内产生什么经济后果的分析报告。这样做的实质是暗示这些客户：若是你们因为克莱斯勒公司申请担保贷款解除所有的合约，那么，你所在选区内所有与克莱斯勒公司系统中有业务关系的将全部丧失，这将意味着你们也会跟克莱斯勒一样，失去整个市场。

艾维克四下出击、分兵合进，收到了奇效：企业界、舆论界的反对派偃旗息鼓；客户中那些原先激烈反对政府担保的不合作的态度也销声匿迹。艾维克在濒临绝境之地，沉着冷静地争取了社会上各个方面对他的支持，他所需要的10亿美元货款终于顺利地到手了。他利用这笔货款，推出了几种新轿车。

从1983年起，克莱斯勒公司不仅付清了所有的借款，而且还实现了盈利。次年，克莱斯勒公司盈利额达到了8亿美元，创造了该公司盈利额最高的一年，而艾维克也因此成为美国企业界最知名的企业家。

可见，在面对别人的非议时要冷静，不能动不动就吹胡子瞪眼。一个冷静的人才能掌握分寸，化解不和谐的音符。

1. 凡是成大事者，在与客户交流中，他们都能抑制冲动、避免争论、善听批评、力戒不满、开放胸怀，用冷静的头脑来处理问题；

2. 不急躁是一种低调，这样的人，无论什么时候都能保持自我控制能力，这种能力显示出真正的人格与心力；

3. 爱冲动的人不易控制住自己的情绪，会得罪人；

4. 那些动不动就吹胡子瞪眼的人是很不理智的，往往会在大事面前出错，即使是面对一些小事，也难以做得令人满意。

# Chapter8
# 耐得寂寞，守得云开见月明

不幸的寂寞是难忍的，但守得住寂寞，却会一片云开。耐得寂寞才能得到丰硕果实，成功的人士都明白其中的内涵、意蕴。

## 是钻石，迟早会让人看见光芒

一块天然的钻石，被遗弃路边，可是被一层厚厚的尘埃覆盖，挡住了自己的光芒，路过的人有商人、有官员、有百姓也有乞丐，可是从来没有人朝它看一眼，然而钻石并没有因此而伤心，虽然它也担心自己一辈子可能就此而被埋没。但是它还是耐心地等待，等待它的主人将它拾起。直到有一天，一个工匠看到了这块“石头”，随手将它拾起，当擦去上面的灰尘后，才发现它竟然是一块钻石，最后工匠把它雕成一颗最美的钻石，镶嵌在了一顶皇冠上。可见，是钻石，无论在哪里，处于什么样不幸的环境，迟早都会发光。

人生也是如此。如果你是一颗“钻石”，那么就不要因为暂时的失意而对自己失去信心，也不要因为短暂的挫折而否定自己的价值。因为你只要耐心地等待，等待机会、等待属于你的伯乐，那么你一定会发出属于你本身的光彩。如果你有才华，那么就无须炫耀自己、无须哗众取宠、无须靠别人的眼光来证明自己的存在，只需耐得住寂寞，总会守得云开见月明的那天。

一个久不被重用的年轻人，借一次春游之机，慕名拜访了青岩寺的高僧惠忍。他对惠忍说：“我是一个拥有高学历的大学生，已在公司兢兢业业干了10年，那些比我学历低、年龄小、进单位晚的人都得到了应有的职位，可我还是一公司的普通员工，实在是不明白这是为什么？为什么我的人生和事业会如此的不幸？请高僧指点迷津。”

惠忍听了他的话，双手合十说：“你在工作上对自己如何定位？”

“我父亲也是一家企业的老板，经商几十年，有丰富的人生经验。他告诉我，做人做事不能太露锋芒。”

惠忍站起身对他说：“请随我到对面的景点看看吧。”惠忍领着他走出寺院，在湖边的一排快艇、大游船、小木舟中找到寺里的快艇，发动后，只开了低档，缓缓前行。

就在这时，一艘快艇加大马力，从他们身边呼啸而过，碧绿的湖面掀起了一层白浪；跟在后面的大游船，也在推浪前进，也很快超过了他们；最后，就连随后而行的双人小扁舟也走在了他们的前面……

一艘快艇风驰电掣般迎面驶了过来。艇主见惠忍的快艇一直走得很慢，便在他们旁边大声问：“和尚，跑得这么慢是不是没油了？我有。”惠忍合掌回答说：“多谢，老衲是怕跑得快了有危险。”

一艘大游船迎面踏浪驶回来了。船主看着惠忍慢慢爬行的快艇高声喊道：“和尚，你的撼庭笨得像蜗牛，该淘汰了。”惠忍只是微微一笑，点一点头。

一艘双人舟迎面驶回来了。舟主对惠忍说：“和尚，你的快艇连个小木舟都不如，养它干啥？报废了吧？”惠忍还是一笑，没有吱声，他回头看看那个年轻人，说：“我们返回吧！”

惠忍调转艇头，加大油门，快艇电掣般向前飞驰，第一个回到青岩寺。惠忍走下快艇笑着问年轻人：“你说我的快艇究竟如何？”

“当然很好了！刚才他们是因为不知你没加足马力才说你的快艇不好的。”

“是啊，其实人又何尝不是如此呢？你有实力，是一块金子，什么时候都能展现出你的光环，在人才竞争激烈的今天更是如此啊！只要你有真才实学，你的前途一定会一片光明，你不要为短暂的困境所屈服，只要你坚持自我，一定会走出属于自己的辉煌。”

那个年轻人听了惠忍的话，点了点头，又默默无闻地回到了自己的岗位中。果然，在年底的时候，他的业绩和能力被公司的高管层看重，被提升做了部门经理；一年后，又被调升去公司总部，做了副总经理。

我们便由此得知，只要是钻石、只要是天然的金子，无论放在何处，只要用心去打磨，总有一天会让别人发现你的光辉。

1. 只有自己重视自己了，别人才可能尊重你，否则，连你自己都看不起自己，别人又为什么要看得起你呢？

2. 才学就像是好菜，应该放在碗底，等到别人都吃完的时候，才越显出你的真本事，这时大家自然会尊重你、赏识你，这时你才是最大的赢家；

3. 肚大学问深，肚大能撑船，有才学的人也应该拥有宰相的度量，要知道真正的才学是藏在肚子里的，而不是摆出来卖弄的，要懂得隐忍；

4. 要时刻提醒自己的忧患意识，要相信在这个世界上，比你有才学的人无处不在，所以你要耐得住寂寞与孤独。

# 低调，让你躲开锋芒的攻击

俗话说：“枪打出头鸟。”出头鸟虽然是在鸟群中最聪明和最强壮的，但也是最容易成为被攻击的对象，成为被石子、弹弓、鸟铳、气枪等打击的目标。

在生活中，也是一样。如果你想躲开别人的攻击，又把事情办好，千万不要做领头雁、出头鸟，否则，就会成为众人攻击的对象，成为众矢之的。这样，苦难和不幸就会像雨点般降落到你的头上，因此，要学会隐藏自己的实力，在无人问津的位置上做出自己的成就。

老子也曾说：“良贾深藏若虚，君子盛德，容貌若愚。”那些善于隐藏的人，都是耐得住寂寞的人。而古往今来的聪明人，无不谨小慎微，喜欢隐藏自己，他们表面上看似波澜不惊，实际上内心无时无刻不在暗流涌动，他们善于以静为动，从不耀武扬威，把真正的实力隐藏了起来。他们在做事的时候会显得很低调，让别人来不及防备，等到别人发现的时候，他们已经把成功的一面展露在了别人的面前。

来看一则故事：

周兰大学毕业后，去了一家信息公司工作。很快实习的时间过去了，周兰在业务与资历方面都取得了很大的进步，受到了公司领导的多次夸奖。不久，人事部门进行了一系列的人事变动，周兰很顺利地进入了公司最有前途的信息开发部。可是，周兰很快就发现，部门里有一个叫张馨月的是最有能力的研发员，很多同事都会围着她转。这些周兰都看在眼里，知道在开发部里，张馨月是自己最大的竞争对手，如果能够打败她，就可以确立自己在部门中的地位。

于是，周兰在暗地里调查，知道以前在公司里多少个有胆、有识、有为的年轻人都与跟张馨月的竞争中纷纷落马，有的甚至被迫离职。知道这些情况后，更加激起了周兰的好胜心，她仿佛找到了一种棋逢对手的感觉。

周兰的确是公司中唯一有能力与张馨月一决胜负的人，她在很多方面都占据着优势：年轻、博学、英文好，而张馨月只是一个老研发员、只是在公司待得时间比周兰久，工作经历和经验相对丰富些而已。

一天，公司把一个大客户交给了开发部。很快，在全部门的共同努力下，一个可行性方案诞生了。两天后，公司召集所有部门的相关人员专门开了一个方案确定研讨会。当方案拿出时，其中一个信息的关键参数出现了问题，并且这个参数决定着整个方案的成败，而这个方案参数正是张馨月设计的。

其实，周兰早就看出了问题，她事前没有指出这个问题，而是在研讨会上提出了错误的所在，她还拿出自己的设计参数，罗列出了十几条张馨月设计参数的错误之处，以及这些参数将导致的后果和公司将要赔偿的损失。大家都看得出，周兰早知道这个错误，今天的一切都是她有意准备的。

面对众多的专家和同事，张馨月很尴尬，低下了头，口中念叨着“老了，老了。”看到这个场面，周兰得意极了。

最后，周兰的设计方案得到了公司上层的认可。

周兰可谓是一战成名，这件事情很快传遍了公司。周兰自己也为在研讨会上的精彩表现沾沾自喜。

几天后，周兰被公司的董事长叫去，董事长开门见山地说：“小兰呀，公司现在的外勤部人手紧张，看你工作那么出色，我决定把你调到外勤部，专门负责外面的市场调研工作。人事部已经为你办好了调动手续。”

周兰知道，老总其实是明升暗降，把自己调离开发部，公司中谁都知道外勤部是公司最没有前途、最苦、最累的部门了。可是，这是公司董事长的直接命令，周兰只好咬牙接受。

后来，一个知内情的同事告诉周兰：“张馨月是公司董事长的爱人，你那天在研讨会上据理力争，没有给张馨月留一点面子，让她下不了台，老板怎么可能不会生气呢？”

这时，周兰才恍然大悟，后悔自己当时太过争强好胜了。

可见，一个人有必要低调，有必要给别人面子、让别人下得了台，这样，才不会遭到别人的嫉恨或算计，才能更好地走好自己的人生之路。

1. 要做到隐藏自己，就要学会像水面一样，处在波澜不惊的状态，让别人捉摸不透你。在人生的生活、职场、情场和商场等各个方面，应学会像水一样，保持一种波澜不惊的状态，很好地伪装自己；

2. 不要一下子展示你所有的本领，这样会让你遭到别人的嫉恨，有时可能有人会给你穿小鞋，带给你意想不到的困境；

3. 锋芒不宜毕露，有能力展露锋芒固然好，但一定要记住，如果其他人一致针对你，即使你是多么出色，也不要触犯众怒，那样你迟早会遭遇不幸；

4. 如果你们相互之间确实是潜在的竞争对手，但不论你内心的想法是什么，也不论有着怎样的目标，都不要太过于高调。

## 安分做自己，不贪恋赞许

在每个人的心底，都有那么一点虚荣心，都想得到别人的赞赏和认可。从表面上看，这似乎没有什么危害，也没有什么不对，只是赞美多了，人就容易变得骄傲，自信心也会随之慢慢地膨胀。

如果一个人长期处在赞美的环境中，便会逐渐失去自我，因为他的耳朵里听到的都是好话、都是溢美之辞，从而看不到自己的短处和缺点，久而久之，便会变得恃才傲物。

毫无疑问，这种人会活在寻求他人的认可或爱慕虚荣的牢笼里。会千方百计、绞尽脑汁地去迎合别人的喜好，目的仅仅是换取别人的认同和赞赏，这是不可取的。

因而，当我们沉浸在别人的掌声、喝彩声中的时候，一定要对自己此时此刻的幸福和快乐有一个清醒的认识，千万不要染上虚荣的毒瘾，沦为别人赞许的牺牲品。一旦寻求赞许成为一种过于强烈的心理需要，做到实事求是几乎就不可能了。为迎合他人的观点与喜好而放弃自己内心真实的想法，慢慢地也就失去了自我价值。这样一来，当有一天赞美之声消失时，那些长期潜伏的不幸就会降临到你的头上，甚至有时是一个致命的打击。

你便要做一个安分的人了，不求别人的赞美，在安静的角落里做好自己的事情，要知道，声名和赞许远远没有一帆风顺、平平安安重要。

来看一则故事：

刘伟是一个典型的过分需要赞许的人。他是一名记者，对于现代社会的各种重大问题都有着自己的一套见解，如计划生育、人工流产、南水北调、义务教育等。他总是喜欢把自己的观点说给更多的人听，可是每当他的观点得不到赞同甚至受到嘲讽时，他便表现得十分沮丧和痛苦。为了让自己的每一句话和每一个行动都能被大家赞同，他花费了不少心思。

有一次，刘伟和一位朋友聊起吃安眠药自杀的问题，他说他坚决反对无痛致死法。但是他发现他的朋友皱起眉头表现出很不高兴的样子，为了不影响和气，他几乎本能地立即修正了自己的观点："我刚才是说，一个神智清醒的人如果要求结束其生命，那么倒可以采取这种做法。"当他注意到朋友表示同意时，才稍稍松了一口气。

后来，他和自己的上司也无意中谈到了这个话题，这次吸取上次的教训，他说自己赞成无痛致死法。可是，领导听了后，却对他强烈地进行了批评："你怎么能这样说呢？这难道不是对生命的亵渎吗?"刘伟实在承受不了这种责备，便马上改变了自己的立场："我刚才的意思只不过是说，只有在极为特殊的情况下，如果经正式确认绝症患者在法律上已经死亡，那才可以截断他的输氧管。"

最后，他的上司终于点头同意了他的看法，他才再一次摆脱了困境。

那么，基于此，我们便要消除过分需要得到赞许的心理，因为，它是精神上的死胡同。

要想活出真实的自我，必须将这种过分依赖他人赞许的虚荣心，从心里割除！

## 不幸之后，你还会这样领悟

1. 如果想活出一个真实的自我，必须将这种过分依赖他人赞许的虚荣心，从生命中根除掉；

2. 如果一个人为了得到别人的赞赏和认可，不惜去做一些违心的事情，甚至不惜以牺牲自己的尊严为代价，这就不仅是满足一点虚荣心的问题了，而是虚荣心过度膨胀的表现；

3. 如果一个人长期处在赞美的环境中，便会逐渐失去自我，因为他的耳朵里听到的都是好话，都是溢美之辞，从而看不到自己的短处和缺点，久而久之，便会变得恃才傲物；

4. 做一个安分的人，不求别人的赞美，便会知足、快乐。

# 不显山露水，才是智者

《道德经》上说：“上德若谷，大白若辱，广德若不足，建德若偷；质真若渝，大方无隅，大器晚成。”意思是说，上德的人虚怀若谷，在大庭广众之下看似并不出众，甚至没有人知道，建德者做了仁德之事之后，总是默默无闻，绝不会四处张扬。真正的大德犹如最大的方形找不到角落，最有价值的器具，要耐得住寂寞，等待长时间的千锤百炼后，才能制成。

在这个社会上，就不能太张扬、太露骨，虽然能够显得自己高人一头，但这样却会引起众多人的妒忌，也让别人更关注你的一举一动，这样反而会给你日后的工作带来众多的压力和不便。表面看上去轰轰烈烈，而结果却是“雷声大，雨点小”“说得比唱得好听”，就是见不到办事的效率，所以这类人在生活中常受到困扰，不断遭受这样或那样的不幸。

对于真正的智者，他们懂得耐得住寂寞，会不显山露水，他们表面上看去很不显眼，却能在暗中默默地将事情完成，远离不幸和困境。

来看一则故事：

在清朝雍正皇帝之前，历代王朝都以宰相统辖六部，权力过重，使皇帝的权威受到了一定影响，如果一个君王有手腕驾驭全局，使宰相为我所用，这当然很好，但如果统领军队的宰相超权行事，时间一长便很容易与皇帝、大臣们产生隔膜和分歧，很容易给国家添乱子、造麻烦。这样的例子举不胜举。

在雍正即位之初，虽然掌管着国家的最高权力，但举凡军国大政，都需经过集体讨论，最后由皇帝宣布执行，不能随心所欲自行其事；权力受到了制约，皇威受到了挑战。雍正为了把权力重新集中到自己手上，就暗中想出一个办法，他开创性地要求设立一个军机外，从而得到一揽最高权力的目的。

军机处还有一种职能，即充当最高统治者秘书的角色，类似于情报局，有很强的保密性。军机处的由来，是在雍正七年六月清政府平息准噶尔叛乱时产生的。雍正密授四位大臣统领有关军需事务，严守军报、军饷等军事机密，以致两年多而不被外界熟知，保持了工作的高效运转和战斗的最终胜利。

雍正对军机处管理得特别严密。他对军政大臣的要求也极为严格，要求他们时刻同自己保持联系，并留在皇帝最近的地方，以便随时召入宫中应付突发事件。军机处也会像飘移的帐篷一样随皇帝的行止而不断改变。皇帝走到哪里，“军机处”就设在哪里，类似于我们现在的现场办公。在当今，雍正的这些创造，已经渗透到我们的日常工作当中，并产生了不可低估的社会价值。

雍正的第二大特点是对军机处的印信管理得非常严密。印信是机构的符号和象征，是出门办事的护身符和通行证。军机处的印信由礼部负责铸造，并将其藏于军机处以外的地方，派专人负责管理。当需用印信时，必须报告皇上给予批准，然后才能由军机大臣凭牌开启印信，在众人的监视下使用，以便起到相互制约的作用。

设立“军机处”起到了意想不到的效果，以前每办一件事情，或者有关的奏折，要经过各个部门的周转，最后才能够送达到皇上手里。其中如扯皮、推诿、拖沓的官场陋习使办事效率极为低下，保密性能也差，皇上的口谕无法贯穿始终。而自从设立军机处以来，启动军机大臣，摆脱了官僚机构的独断专行，使雍正的口谕可以畅通无阻地到达每一个职能机构，从而把国家大权牢牢地控制在自己手上。

设立“军机处”将“生杀之权，操之自朕”的雍正推向了封建专制权力的顶峰。“军机处”由于在皇上的直接监督下开展工作，所以处处谨小慎微，自知自律，奉公守法，营造了一种清廉的官场形象。“军机处”的设置，保证了中央集权的顺利实施，维护了社会的相对稳定和统一，避免了社会的动乱和民族的分裂，推动了社会的繁荣和发展，具有一定的积极意义。

可见，只有不显山露水，才能更有益于发展和创造价值。

人就不应该太张扬、太露骨，这样，才是明智之举、才能未来更见乐观。

1. 无论是做人还是处事，若想取得最大限度的成功，首先不要过分暴露自己的意图和能力。只有这样，事情办起来才不会出现众多人为的障碍和束缚，办起事来就会出现事半功倍的效果；反之，我们将会受到许多意想不到的人为阻挠，事情办起来就会很难成功；

2. 一个人过于显露自己高于一般人的才智，往往会对自己不利，甚至会招来外力的攻击；

3. 真正的成功要耐得住寂寞，经过长时间的修养；

4. 耐得住寂寞的人在做事的时候，既不显山，也不露水，它既能有效地隐藏真实意图，又能出人意料地获取成功。

# 千年守候的传说

这是一个古老的传说，相传在美索不达尼亚，有一位美丽的姑娘爱上了一位小伙子。她和小伙子海誓山盟、誓死不分手，然而后来发生了一场战争，小伙子去参战了再也没有回来。姑娘天天泪流满面、痛不泣声，有人说那位小伙子已经战死在沙场了，姑娘摇摇头，不相信；有人说小伙子已经移情别恋了，姑娘摇摇头，也不相信。村里的人都建议她改嫁，不要再守候一个死去的人或者负心汉了。然而，无论别人怎么说，姑娘都是默默地等候。她天天等、日日等，等得花儿都谢了，她还是默默地等候。姑娘希望有一天小伙子可以回到她的身边，连做梦都是和小伙子温存的场面。然而，岁月不饶人，姑娘就这样等到了晚年都没有等到她的情郎归来。姑娘在临终之际，请求上苍让她来生能够见到她的情郎。

一千年后，姑娘再次做了一个亭亭玉立的女孩，来到中国江南的杨柳岸。姑娘通过上苍的点化明白，她会今生遇到她中意的那位男孩。于是，姑娘天天等、天天寻，终于在断桥见到了那个让她朝思暮想的男孩。

姑娘心中怦然一动，和他搭讪，话语缠绵。从对方的口吻里，姑娘知道，他也在一直寻找他中意的女孩。男孩说，他曾经做了个梦，梦见有个女孩，在佛祖面前苦苦求了一千年，希望用一千年的等待换来来生与她想见的那个人一面之缘。姑娘苦苦一笑，眼泪“哗哗”直流。

……

姑娘和男孩走到了一起，当他们都老去的时候，姑娘和小伙子同时见到了佛祖，原来，那个他们千年等待的人正是对方。姑娘和小伙子相视一笑，笑得很甜蜜。

这个故事听起来有些荒唐，不过，其中千年的等待已经成就了一个神话。苏堤、杨柳、断桥，你还记得那个一身洁白无瑕好像从天而降的白娘子与许仙的爱情故事吗？一千年，在这一千年的等待中会有多少滋味涌上心头。佛说：前世五百次的回眸，才换来今生擦肩而过。这漫长的等待、这孤苦寂寞难耐，熬不过去的不会有情人终成眷属、不会修成正果。

对我们来说，千年等待只是一个美丽的传说、千年等待千年孤独，像望夫石的传说，像长生殿里思念爱妃不成千年后的来生缘。千年，何等长的一个概念，但千年转瞬即逝，其中的一切也会化为乌有。其中的怅恨连绵、其中的孤独难耐，只有时间才懂他的心。

一个人耐不了时间的煎熬、耐不了千年的羁绊，不会从中品尝到真正的孤独、真正的爱的滋味。

当你的爱人不在身边的时候，在两地茫茫、两地孤苦的时候，要学会享受现在的生活，为了他，哪怕一句话，等下去！千年，会让你修成正果，化解对他的恩恩怨怨。

## 不幸之后，你还会这样领悟

1. 很少有人让我们守候千年，除非是我们的爱人；

2. 千年是一个漫长的过程，我们没有机会活过千年，但我们能有千年守候的决心；

3. 千年转瞬即逝，可千年的每一天都会让等候的人度日一年，其中的守候、其中的寂寞，如果不去慢慢地品味，永远也不可能在爱的境界里得到升华、超脱；

4. 如果那个人已经不再爱你，和你无丝毫关系，就不需要一刻的守候了，放弃他，去寻找更美的爱情、生活！

# 独处是种清福

西方有位哲人在总结自己一生时说过这样的话：“在我的整个生命中，我没有过一个星期真正地安宁，这一生只是一块必须时常推上去又不断滚下来的崖石。”所以，追求宁静，或者是追求独处对许多人来说便成了一个梦想。由此看来，独处有时候并不是遗憾，而是可以用来享受的。而很多人便会把失意、伤感、无为、消极等与独处联系在一起，认为将自己封闭起来，就是独处，其实，这是一种误解。倘若这样去超越生活，就不仅限制了生命的成长，还会与现实隔阂，这样的人只是逃避生活。

独处便是一种清福！在这个喧嚣的尘世之中，更要保持心灵上的清静。

独处就像个沉默少言的朋友，在清静淡雅的房间里陪你静坐，虽然它不会给你谆谆教导，但却会引领你反思生活的本质及生命的真谛。

独处，也是一种难得的感受。当你想要躲避它时，表示你已经深深感受到了它的存在。此时，不妨轻轻地关上门窗，隔去外界的喧闹，一个人独处，细心品味独处的滋味。坐在桌前，焚一炉檀香，冲一杯咖啡，翻一本酷爱的图书，感受久违的纸墨清香。当然，如果你愿意，尽可以啥也不干，只是坐在那里沉思——思考人生、思考大脑中存储的一切。如果你愿意，你也可以什么也不想，只是一个人静静地待上一会儿，让大脑暂时处于休眠状态。

独处，还是知心的好友。在你心烦时，它不会打扰你，也不会对你有所求。而热闹需要外求，独处则是随时与你同在，在你需要时，它便轻轻地来到你身边，静静地听你倾诉心声。它能为你保守秘密，虽然它无言无语，却能让你更好地认清自己。它不会对你指手画脚，却能让你以更加自信的步伐迈出人生的下一步。因而，当对工作、生活感到倦怠时，不妨找个空间独处，独处时可以让人充分感受宁静祥和，忘却争斗与烦恼，就如同走出喧闹的都市进入万籁俱寂的旷野一般，让人心旷神怡。此时独坐一室，于清茶中品味人生，则生命的目的会因此明晰；在书中品味生活，则生活会更加多彩多姿。

来看一则故事：

清朝曾国藩曾向一位修行极高的出家人请教养生之道。出家人磨墨运笔，龙飞凤舞地写了一张处方递给他。

曾国藩接过处方又问："现在正是七月流火之时，天气炎热，弟子往日总感到五内沸腾，如坐蒸笼，为何今日在大师这里似有凉风吹面一样，一点也不觉得热呢？"

出家人朗声说："乃静耳！老子云：'清静物之正。'水静则明烛须眉，平中准，大匠取法焉。水落石出静犹明，而况精神？圣人之心静乎，天地之鉴也，万物之静也。夫虚静恬淡、寂寞无为者，天地之平而道德之至也。世间凡夫俗子，为名、为利、为妻室、为子孙，心如何能静？外感热浪，内遭心烦，故燥热难耐。大人或许还要忧国忧民，畏谗惧讥，或许心有不解之结，肩有未卸之任，也不能心平气静下来，故有如坐蒸笼之感。切脉时，我已以心静感染了你，所以就不再觉得热了。"

可见，独处会让我们的心归于平静，会让我们在恬然中享受这份淡然、宁静。

独处更是一种清福，会带给我们寂寞时的益处！

1. 人要耐得住寂寞，就难免会独处，要享受独处；

2. 在独处时领悟，会引领心灵上升一个境界；

3. 在快节奏的今天，当被压力压得喘不过气时，不妨试试独处，独处时的宁静可以使你放松身心，还能提高分析问题的能力；

4. 不要为独处而遗憾，它能使你暂时放下心中的杂念，获得片刻悠闲，很多时候，享受独处就是在享受人生。

## 十七年后的重逢

对很多人来说，十七年是一个漫长的过程，之间会发生很多故事。尤其是在爱情当中，十七年可以成就一个人，也可以永固一颗心。

下面，来看一则十七年中为爱耐得住寂寞守得云开的故事吧：

在一个海边，有一座小城。城主有一位漂亮而又贤惠的女儿，赢得了很多人的追求。然而城主的女儿偏偏独爱没有身份、没有地位的小伙子巴尔。城主是那么地疼爱女儿，但不得不尊重女儿的选择。可是，巴尔只是一个穷小子，为了服众，城主决定让巴尔在比赛中赢取众人。他们举行了一次划艇比赛，谁到了对面的小岛然后第一个划过来谁就是城主的女婿。大家争相报名，巴尔也报名参赛了。结果，在比赛的那一天由于起了风浪，巴尔和很多人驾驶着船驶向海洋中的一个小岛。由于巴尔的速度比任何人都快，让当中一些结伙的人怀恨在心。他们不希望巴尔取得最终的胜利，就在风浪大岸边的人看不到他们时对巴尔使坏，以便巴尔落入海洋中再也无法出来。

看到远处巴尔的船只飘飘荡荡，城主的女儿心里一阵心悸，以为只是风浪的缘故，但听说巴尔遥遥领先时，总算放心了。可是，最终第一个返回的不是巴尔，而是那些结伙人中的其中一个。城主的女儿苦苦等巴尔，巴尔却始终没有返回。那些结伙的人说巴尔不喜欢城主的女儿，已经借助风浪逃跑了。城主的女儿不相信，她感觉整个天空都塌了下来。

不是自己的心上人最终取得了胜利，城主的女儿天天以泪洗面，她不相信巴尔会逃走，可是巴尔偏偏不见了，城主的女儿伤心极了。看到女儿哭得那么伤心，城主很心疼，可是他得履行当初的诺言。城主的女儿说，她不会嫁给那些无赖，她不相信巴尔会逃走，她要出海找巴尔。城主吓坏了，对女儿说，虽然他也不相信巴尔会逃走，可是巴尔始终没有回来他也没有办法啊，他也不想让自己的女儿嫁给她不喜欢的人啊！城主的女儿满面泪痕地说，如果父亲不忍心看到她婚后绝望，就有必要拒绝那些无赖。可是，城主已经许下了诺言，城主感觉到很为难。城主的女儿想了一会儿，告诉父亲，他可以向世人宣布说她已经失踪了。

有必要这么做吗？城主问女儿。但城主的女儿非得让城主答应她的请求不可，城主没办法，也只好点头答应了。城主以为自己的女儿会乖乖地待在小城里，永远不见人，然而他还是错了。城主的女儿为了不连累父亲，留下一封信就走了。信上说，她去找她的巴尔了，在她没有找到巴尔之前她是不会回来的。她是一个不孝的女儿，请求城主原谅。城主看着看着，眼睛湿润了。

从此以后，小城里的人都认为城主漂亮而又贤惠的女儿消失了。

而城主的女儿历尽千辛万苦，终于一个人来到了当初那个小岛，她在岛上寻了好长时间都没有找到巴尔。城主的女儿伤心极了，病倒在了小岛上。

当城主的女儿醒来的时候，她已来到了另一片天地。守候着她的人对她说，说他们在海上航行时发现了她然后把她救了回来。城主的女儿感谢他们的救命之恩，滴水之恩当以涌泉相报。这时，就有人说了，是市长的儿子救了他。市长的儿子？城主的女儿正自纳闷。这时，看见一位威风凛凛的小伙子走了过来，他跪在城主的女儿身边说："你醒了？"然后亲吻城主女儿的手。城主的儿女以为这是到了西方世界，更不知道该怎么办了。

城主的女儿告诉那位追求者，说她已经有了心上人。市长的儿子不明白，论才华论相貌他不比城主女儿的心上人差，为什么她偏偏独钟那个巴尔呢？城主的女儿说没有理由，她喜欢巴尔永远也不会改变的。市长的儿子打动不了她，也不忍心伤害她，只好让她继续等她的巴尔。

城主的女儿等啊等、等啊等，窗外的花儿开了又谢、谢了又开，不知道都到了什么年份，这时，她身边的人告诉她说已经十七年了，接受市长儿子的爱吧。可是，城主的女儿伤心地说，她一天不看到巴尔归来就一天不放心。市长的儿子没有办法，只好让她继续等待。

有一天，城主的女儿被闷坏了，来到大街上走动，她看到了一个邋遢的人倒在了街上，出于恻隐之心，把他带回了市长儿子的家。城主的女儿万万没有想到，他就是巴尔。当看到他已经老了容颜但还是当初的那份豪情壮志深爱着她时，城主的女儿伤心地哭了。这一次她哭得无所顾忌。十七年，多么漫长的一个过程，她终于找到了她心爱的人。

巴尔把当初被害的情景告诉了城主的女儿，城主的女儿听后决定回去向父亲澄清事情的原委。但就在城主的女儿和巴尔即将离开时，市长的儿子却死死不放他们走。他已经爱了她十七年，也为了她等候了十七年，难道她为了一个陌生人可以舍弃这么多年来自己对她深沉的爱吗？看到市长的儿子泪流满面，城主的女儿也挂着晶莹泪珠，说巴尔不是陌生人，她当初就已经把心给了他，今生今世没有人可以取代巴尔在她心中的位置。可是，任凭市长的儿子怎样哀求，城主的女儿就是铁了心，要生生世世和巴尔在一起。看到自己喜欢的人那么坚定，市长的儿子也只好含着泪、忍着痛答应了。

城主的女儿和巴尔回到了当初的那个小城，向父亲澄清了事实。父亲看到久违的女儿归来，可是老泪一把一把的，马上让人惩办了当初那些陷害巴尔的人。

城主问女儿，这些年来她是怎么过的，现在巴尔已经老了容颜，她怎么还愿意和他在一起。城主的女儿说，即便巴尔受尽了沧桑，无论他是鬼还是魂自己都要生生世世跟着他。她不在乎巴尔的身份、相貌，她要的是一个人，而不是一个皮囊。身在一旁的巴尔听到了，感动极了，把城主的女儿搂在怀里伤心地哭了。

后来，巴尔接替了城主的位置，对他的妻子可谓爱得深沉，再也没有娶别的女人。

多么让人感伤而又庆幸的故事啊！十七年，仿佛与世隔绝，但可以守得一片云开。

爱情便在这种寂寞的守候之中见得光明！

还记得武侠大师金庸小说《神雕侠侣》中这样的一种情景：主人公杨过和小龙女可谓是两厢情愿，也彼此心有灵犀，但是后来，小龙女却要和他分隔十六年。在此之前，杨过并没有意识到小龙女可能会在绝情谷底死掉，他认为小龙女只是被南海神尼所搭救，从而十六年后让他们夫妻团圆。杨过就在这接下来的十六年当中为国家做出了大贡献。但是十六年之后，奇迹还是出现，他和小龙女得以团聚。这十六年后的再一次重逢，是多么说不出来的一种感觉。

其中还有瑛姑对周伯通的守候，也最终守得了云开。

我们便要耐得住爱情的寂寞，守得住清贫，这样，才能获得真情！

1. 经过爱情的考验之后才得知，只有一个人才会和你白头到最后，其他的都是过客，便要为这个人很好地守得云开；

2. 多年之后再次相逢，虽然双方的样貌、身份、地位都变了，如果心不变，换来的却是一份真爱；

3. 那些见一个爱一个，耐不住寂寞的人，到最后会一个人孤独到老；

4. 就没有必要那么水性杨花了，当爱人不在的时候，也要很好地守身如玉，这样你们之间的爱情才会升华。

## 不求轰烈，只愿平淡

有人说，人生就应该活得轰轰烈烈，而不是平平淡淡，甚至躲在一个无人知晓的角落里。拥有这种想法的人，往往是活得悲壮，死得惨烈。一个太爱出风头的人，往往会被领导看不起，会受到同事的憎恨；一个太爱折腾的人，往往会四处碰壁，甚至被撞得头破血流……如果一个人耐不住寂寞，那么势必会和不幸伴行。人生的真谛并不在于热闹非凡，而在于平平淡淡，在于返璞归真。

其实，人生就像是江湖。真正的剑客并不是四处挑衅，想打败所有的剑客，真正的剑客是手中无剑，因为他懂得山外有山，人外有人，如果有一天有人打败了他，他怎么能承受起失败的痛苦呢，与其那样，不如安安静静地生活；一个真正的武林高手，也不在于四处打擂，争什么天下第一，做什么武林盟主，真正的高手懂得归隐，归隐于山林，享受着山野平静，鸟语花香的生活。这些人都是耐得住寂寞的人，远离了争斗和血腥、远离了不幸与苦难，所以他们会生活得很幸福。

至于世人，总是东奔西走，南冲北突，想要的东西太多，眼睛盯着浮华世界里的功名利禄，到死才发现得到的东西很多，丢了的东西更多，所以才去反省：人生在世，只不过几十年的时光，如何让自己活得自由自在?

星云大师说："有的人有钱有势、有名有位，乃至儿孙满堂，但是却活得不自由，人生要活得幸福，就要在平淡中感受生活。"

可见，生活需要舒适，并不需要鲜花的陪衬，我们只需要在心灵的平淡中感受生活，淡然处事，正确对待身外之物，才能活得舒心自然。

来看一则故事：

有一个学僧到法堂请示禅师说："禅师！我常常打坐，时时念经、早起早睡、心无杂念，自忖在您座下没有一个人比我更用功了，为什么就是无法开悟?"

禅师拿了一个葫芦、一把粗盐，交给学僧说："你去将葫芦装满水，再把盐倒进去，使它立刻溶化，你就会开悟了！"

学僧遵示照办，过了不久，他跑回来说："葫芦口太小，我把盐块装进去，它不化；伸进筷子，又搅不动，我还是无法开悟。"

禅师拿起葫芦倒掉了一些水，只摇几下，盐块就溶化了，禅师慈祥地说："一天到晚用功，不留一些平常心，就如同装满水的葫芦，摇不动，搅不得，如何化盐，又如何开悟?"

学僧说："难道不用功可以开悟吗?"

禅师说："修行如弹琴，弦太紧会断，弦太松弹不出声音，中道平常心才是悟道之本。"

学僧终于领悟。

我们便由此得知，平淡才会让自己更为开窍，活出生命的价值。

人就无须苛求太多，口袋里的票子够花就行、家里的房子温馨就行，平平淡淡的，才是幸福和快乐。

## 不幸之后，你还会这样领悟

1. 满目青山是平淡，茫茫大地是平淡，浩浩长江是平淡，潺潺溪水是平淡，青山翠竹是平淡，郁郁黄花也是平淡；生活就是平淡，平淡就是生活，世间一切最终还是以平淡为最美；

2. 人生的真谛并不在于热闹非凡，而在于平平淡淡、返璞归真；

3. 人生不是只为背负沉重而活，而是为了从背负的沉重里取一点成就让自己感受快乐和幸福；

4. 人生无须所求太多，自己够用就行。

## 遇到了一直想见的那个人

不知是多少年前的事情了，他和她相约在樱花树下，他欣赏她的妩媚动人，她羡慕他的才华横溢，就这样，两个人要生生世世在一起。

然而，天有变数，人世间的姻缘难以就此注定，后来，他因为工作上的原因离开了她。临走前，他告诉她，让她等他三年，三年后回来娶她。

他走后，她对他朝思暮想，真的想要很快地结束三年的漫长时光。

就这样，她每一天都度日如年，每一天都盼着和他相聚的日子。她一直相信，他曾经的诺言，他会回来娶她。

一开始，他和她保持着联系，但渐渐地，联系越来越少，她认为他可能忙，顾不上自己了。

然而，很快两年过去了，他却消失了。她不明白是什么原因，但还是心存着希望，相信三年一过他就会回来娶她。

日子如流星赶月，其间也有好多人上门求婚，但她都拒绝了，眼巴巴地期盼着三年后的最后一天。

盼着盼着，不知不觉三年就过去了，她以为他会兑现当初的诺言，高兴得不得了，赶紧打扮一番，天天地站在楼上，等待着他的归来。

可是，他并没有来。她不明白怎么了，她不相信他会背叛她。

实在承受不了三年后他没有如期赴约，她就收拾行囊，准备去曾经他到过的地方找他。就这样，她依然而然地踏上了远去异国的飞机。

好不容易找到了他，而他却已经结婚了。她泪流满面，问他："为什么不等我？为什么三年后没有赴约？"他没有想到她会千里迢迢来找他，说："我以为你已经忘了我，况且咱们曾经只是一种约定。我以为你会和别的人结婚。”她说：“我是那么信守承诺，你倒好，移情别恋。”他的新婚妻子知道了这件事，对她说：“其实也不能怪他，他是很想你的，只是后来发生了一些事情，他才和我结了婚。”她不明白，问她发生了什么事情，她说：“他在海外谋生，承受了太多的痛苦和压力，在他撑不下去的时候，他遇见了她，而她帮助了他渡过了难关，为了生意场上的事，他不得不娶她为妻，所以……”她明白了，说：“这些年，我一直相信他会回到我的身边，一直相信他曾经的甜言蜜语，我是日日等、夜夜等，只是希望他能兑现三年前的诺言。三年过去了，他竟杳无音讯了，他有没有顾及我当时的感受？既然他忘记了我，我也不去过多地追究，反正你们是患难夫妻，我算什么，不过是一个痴情的傻女人罢了。”看到她痛哭流涕，他的妻子说：“原谅他吧，反正他现在已经结婚了。”她擦拭了眼泪，说：“没想到遇见了我想见的那个人现在却是离别的时刻，看来我真是一厢情愿。”说着，又“呜呜”地哭了起来。

过了几天，她独自地离开了，洒下了几行泪，默默地祝福着他和他的妻子快乐。

她走后，他反而觉得不安稳，问妻子：“她原谅我了吗?”

妻子说：“看来她已经想清楚了，把她忘了吧!”

他试图把她忘掉，然而却忘不了她。

夜静阑珊，他躺在床上翻来覆去睡不着，他原以为她不会等他三年，没想到她竟然做到了，他觉得对不住她。

就这样，他一直心存着对她的愧疚。

日子一日日地过去，转眼他到了暮年，而他的妻子也已经辞世了，他觉得有必要去看望她了，于是，他踏上了轮船，去那个他初恋的地方。一路上，他浮想联翩，她现在还好吗？结婚了吗？是否是儿女满堂呢？他想了很多。

终于到了他遇到她的那个地方，只是物是人非，他不禁潸然泪下。她的父母早早就去世了，而她却不知去向，听住在附近的居民说，四十年前，她曾经搬到了海外，就再也没有回来。

海外？他摸不着头脑，她在海外没有亲戚朋友，能搬到哪里去了？他思来想去都不知所以然 。

他又在这个地方住了几个月，等待着能见到她，然而，他找了很长一段时间，都没有她的踪影。他以为她已经死掉了，就怀着支离破碎的心又回到了海外。

一天，他去郊外溜达，恍惚之间看到一个熟悉的身影，他很惊奇，一时间想不起是谁。于是，他对那个熟悉的背影产生了兴趣，渐渐地去发现它。当他走进了那个背影所进的屋子里时，他惊呆了，怎么有很多自己四十年前的回忆？这时候，他听到一个苍老但熟悉的声音问：“你是谁啊，是来找谁的呢？”当他看到她出现在他的面前，竟然哽咽不知道说什么好了。

过了很长一段时间，他问她：“你不是回国了吗？”她说：“回国干嘛呢？我相爱的人不在那儿。”“那你，在这里……”她微笑着说：“起码能每天看到我一直想见的那个人，虽然遥不可及，但能知道他幸福我也就心满意足了。”“你可知道，这些年我也一直忘不了你。”“当然知道，我又何尝不是。你的妻子已经去世了，你还好吗？”他哽咽着说：“怎么会好呢？现在我孤独难眠，四十年来一直在想着一个人，可她不在我的身边。当初我和妻子结婚，不过是生意场上的事不得已而已。我以为你会忘掉我，没想到……”她打断他的话，说：“怎么能忘记呢？这四十年来，我天天等，虽然不敢奢望能和你在一起，但我忘不了四十年前的那段感情。”他终于吞吞吐吐地说出了几个字：“咱们结婚吧？”她苦笑，说：“算了吧！”他说：“为什么？难道你要看着我孤单一个人老去吗？我的妻子在临死之前告诉我，说我亏你很多，一定要让我找到你，娶你为妻。现在我好不容易找到了你，怎么能就此罢休呢？”她推开他，说：“虽然我至今对你还情有独钟，但是咱们之间已经不可能了。”“为什么，是因为当初我没有兑现诺言吗？”“不是！”“那是为什么？”“反正不可能就是不可能，没有为什么。”

他没有灰心，以后常常来到郊外，干脆在郊外也盖了一间屋子住下来。终于，她被感动了，哭着说：“何必要这样子呢？你在别墅里住的好好的，干嘛要搬到荒郊来？”他说：“别墅里没有爱，我的爱在哪里我就要去哪里。”“可是，你认为咱们之间还有可能吗？”“虽然我曾经亏待了你，我也知道是我的错，现在我在此忏悔。”看到他诚心诚意的样子，她不忍心再折磨他，因为她爱他。

就这样，她还是被他的诚心打动了，六十多岁终于第一次做了新娘。

在洞房里，他流着泪说：“我要为我今生犯下的错偿债，无论你什么样子、无论你是贫是富，我只爱你一个人。”她笑着说：“如果你再生意场上失败，有一个富家女帮助你了你，今天的话是不是都付诸于东流，然后和她私自结婚了呢?”他说：“不会了，这些年我才知道我爱的人是你。没想到一等让你等了四十多年，我真不知该怎么报答你。”她说：“咱们现在六十多岁还有几十年光阴要过，在接下来的日子里，我只要能看到你就心满意足了。因为我曾经一直想见到你却不能。”他感动得泪流满面，把她紧紧地抱在怀里。

就这样，生死相依，他们年轻时虽然没有在一起，到老时却相亲相爱，让准见了都感动、羡慕。

1. 六十多岁，第一次做新娘，是多么的感动!
2. 有的人有的事错过了就不再，要抓住那个值得珍惜的人;
3. 耐得一份寂寞，守得一份乾坤;
4. 要果断地做出决定，是等待还是遗忘。

# Chapter9
# 佛陀教你不生气

佛陀会让你不生气，从而在面对不幸时便能泰然处之，让你的人格变得伟岸，你也能更好地赢得别人的赞同与支持。

## 发怒是一个魔鬼

在很久以前，古人就已经意识到“大怒气逆伤肝”。可是，现实生活中，有些人往往因为遇到一些不幸和挫折，就喜欢大发脾气，怒发冲冠。

一个人如果控制不住自己情绪的话，那么他的行为也就会失控，就会给自己和别人带来伤害，这难道不是自己和自己过不去吗？

至于什么是气？气就是从别人嘴里吐出来，你接到嘴里，便会恶心反胃。当你不理会它时，它便会自消云散了。气其实就是用别人的错误来惩罚自己的愚行。“夕阳如金，皎月如银”人生的幸福和快乐还享受不尽，哪里还有时间发怒呢？

每一个人都会发怒，特别是在丧失理智的时候，甚至会大发雷霆。即使是蠢人也有自己的脾气，但是并不是所有的人都能控制住自己的怒火。那些在怒火后能迅速降温的人才是有真智慧的表现。没有什么比理解和宽容更能让一个人理智些，千万别因为别人的一点伤害而燃起自己的怒火，结果烧得最重的只能是你自己。

来看一则故事：

有一个职场女白领，常常为一些小事而生气。她也深知这样下去对自己不好，于是，她便求一位禅师为自己超度解脱，以开阔心胸。

禅师听了她说的话，一声不响地把她领到一间空的禅房中，落锁而去。

困于房中的职场女白领气得跺脚大骂不止。骂了很长时间，禅师一点也不理会她。女白领无可奈何，开始哀求起来。禅师仍旧不理睬她。最后，女白领发现她所做的一切都是徒劳，就沉默了下来。

禅师来到门外，问那个女白领："你还生气吗?"

女白领说："我只是在为自己生气，自己会到这个地方来遭罪。"

禅师听了，严厉地告诉她："自己都不能原谅自己，怎么能做到心如止水?"

又过了许久，禅师又问她："你还生气吗?"

女白领说："不生气了!"

禅师问："为什么不生气呢?"

女白领说："气也是徒劳。"

禅师这时说："其实，你的气还没有消，只不过是压在心里罢了。一旦爆发，将一发不可收拾。你还不能走!"

当禅师第三次又来到关着女白领的禅房里的时候，女白领主动对他说："现在，我不生气了，因为根本就不值得生气。"

禅师笑着说："还知道不值得，可见心中还在衡量，还是有气根。"

夕阳西下的时候，禅师立在门外，女白领便问禅师："大师，什么是气呢?"

禅师将手中的茶水泼在了地上。女白领观察了好长时间，顿悟，拜谢禅师而去。

可见，怒火是由自己燃起来的，理应由自己熄灭。只要想熄灭、想给生活增加一些快乐，就一定能熄灭，因为主动权掌握在自己的手中。

## 不幸之后，你还会这样领悟

1. 由于别人的原因生气就是惩罚自己；

2. 屈解了别人的意思而耿耿于怀的话，那就更不值了；

3. 发怒只会让你变得像魔鬼一般失去理智，不但误会了别人，而且还惹火了自己；

4. 如果平常能够静下来，思考一下自己做事或待人方面是否有欠缺的地方，自然就会少些对别人的抱怨与指责了，便会多些安宁和快乐。

# 离苦得乐的幸福心咒

当你生气的时候，佛陀告诉你，多念一些幸福心咒，有助于缓解你工作、生活上的压力，让你做一个快乐、知性的人。

下面，我们来看看常见的幸福心咒：

阿弥陀佛：佛陀说，多念“南无阿弥陀佛”，在脑海中形成阿弥陀佛的神像，可以让你脱离痛苦、恐惧，特别是在人临终之际念“南无阿弥陀佛”，有缘者可以到极乐世界。

观世音菩萨：佛陀说，当你有危难的时候，一心一意念“南五观世音菩萨”，有助于你逢凶化吉、摆脱难关。

释迦摩尼佛：佛陀说，当你意乱心烦的时候，要想集中你的注意力，这时候，望着释迦摩尼佛像，慢慢地去回忆，会让你禅定。

地藏菩萨：佛陀说，一个人如果希望如愿以偿，或超度亡魂，多念“南无地藏菩萨”，有助于加持。

文殊菩萨：佛陀说，一个人要想增长智慧，明辨是非，这时候一心一意地念“嗡阿 Ra 巴匝那德”，会大有助益。

度母：佛陀说，一个人要想遏制自杀、疾病、诅咒等不好的念头，想获得金钱、地位、荣誉等，这时候念“嗡达热德达热德热索哈”，有助于达到效果。

大鹏金翅鸟：佛陀说，大鹏金翅鸟是菩萨或佛的化身，多去祈祷，可以给人威力，消除人、鬼带来的疾患，如昏厥、癫狂等。

长寿佛：佛陀说：一个人要想延年益寿，并避免意外身亡或夭折，多念“嗡阿玛 Ra 呢则万德耶索哈”，会有助于达到效果。

药师佛：佛陀说，如果一个人想脱离疾病与灾难，这时候持念“南无药师琉璃光如来”会有助于增益，且会让人神采焕发。

莲花生大士：佛陀说，一个人想化解不祥，如恶兆、横祸等，一心持念“嗡阿吽班匝格热班玛色德吽”，所愿会迅速成就。

金刚萨埵：佛陀说，如果一个人对以前的罪产生了后悔之心，这时候持念“嗡班匝萨埵吽”，并同时想着金刚萨埵会降下甘露，便可以洗尽罪业。

这只是佛陀告诉我们的几种离苦得乐的幸福心咒，它们每一个都会有无量的功德。

在持念时，要想着尊像，要专心，便可以增长福德。佛学作品《华严经》中说：“若得见于佛，舍离一切障，长寿无尽福，成就菩提道。”我们便要毕恭毕敬，三心二意便不必要了。

来看一则故事：

很久以前，有一位老婆婆，她看破了红尘，到山上修行。由于她专心持念幸福心咒，使得她满面红光，不再会为一些是非得失而苦恼了。

有一天，有一个老和尚慕名去拜访她，在到达山脚时，就看到山上红光出现，他便知道这个老婆婆一定是一个有佛缘的人。然而，当这个和尚见到老婆婆后，听她念到：“嗡玛尼贝美牛”，纠正她说：“您念错了，应该是嗡玛你贝美‘哞’才对。”老婆婆一听，想到数十年都那样念，便觉得惭愧。

当老和尚下山后，他回头却不见了山上的红光，马上又跑到山上向老婆婆道歉，说：“您念的是对的，我刚才是和您开玩笑的。”

老婆婆一听，又马上订正。

这时候，老和尚再下山，又看到了山顶上出现了红光。

可见，在念心咒时要心诚，即便会出现差错，也会与佛、菩萨有交集。不然，心中存有杂念，即便字字念得正确，也很难会与佛、菩萨有缘。

佛陀便告诉我们，多念幸福心咒，并抱着诚心去念，会消除不如意事，会让你保持愉快的心情。

1. 我们要想获得佛陀的保佑，在念幸福心咒时就要专心；

2. 幸福心咒会利益众生，会断除私利，让我们做一个知足常乐之人；

3. 当你想克制生气的时候，多持念幸福心咒，会有助于你转为平和；

4. 佛陀说，多念幸福心咒会与佛结缘，让你有仁爱的道德，不会为人世间的琐事所意乱心烦，反而更容易去面对、化解。

# 不为生气而种兰

种兰，本是性情中事；育兰，可使人达观，让人心平气和。“寻常一样窗前月，才有兰草便不同”，这是一种雅致；“松性淡逾古，兰心独不群”，更是一种高洁。世间百花，大多是春天萌发，只有兰花不轻不慢，四季花开，不必春雷催生，无须望断秋水，夏季依然蓬勃，冬季走向深沉。由此观之，那种兰的人，必须品行端正，贤良忠诚，胸怀大度，宠辱不惊才行。大气之人种大方之草，宽阔之心植上品之花。正所谓：“心花先放，再种兰花。”只有如此，才能满室生香，恒久传远。如果动不动就斤斤计较，为一言一行耿耿于怀，差一丝一毫暴跳如雷，那言行岂不惹得花也要为之窃笑？

不为生气而种兰，实为一种高境界，更是一种大胸怀。其实，快乐更多的时候是一种心情，“得意淡然，失意泰然”则是快乐的一种高境界，是生活的一份超拔。然而，生活中有些人之所以常常感受不到快乐，就是因为他们时常心为物役，对物质追求患得患失。特别是欲望得不到满足，希望遭到破灭，心爱的东西受到损毁时，就感到悲观、失望、气恼。这些情绪，不知使他们失去了多少快乐和幸福。

人们也常说：人生不如意事十之八九，有得便有失，有苦也有乐。甘蔗没有两头甜、花儿也不会永不凋谢。“不为生气而种兰”，可以让人悟透一些东西，看破一些事情。养兰之人应该有些富贵于我如浮云的境界、应该有些五欲已消诸念息的追求，这样才能获得身无病、心无忧，乃人生至乐的雅趣。

我们无法预料生活中还会发生哪些事，但我们可以把握人生航海之舵。当困难、不幸突然降临时，与其暗暗生气、独自哀伤，不如在心田栽棵快乐的兰花，用坚韧与豁达去化解心中的烦恼。因而，我们种兰，要的应当是缕缕暗暗袭来、淡淡散发出的清气。

同样地，在日常生活中，我们牵挂的太多、我们太在意得失，所以我们的情绪起伏，我们不快乐。在生气之际，我们如能多想想："我不是为了生气而工作的；我不是为了生气而教书的；我不是为了生气而交朋友的；我不是为了生气而做夫妻的；我不是为了生气而生儿育女的……"那么，我们会为烦恼的心情开辟出另一番安详。

来看一则故事：

悟能禅师非常喜爱兰花，因此就在寺旁的庭院里栽植了数百盆各色品种的兰花。每当讲经说法之余，他总是全心地照料。大家都说，兰花好像就是悟能禅师的生命。

一天，悟能禅师外出讲经，嘱咐弟子给兰花浇水，好好侍弄兰花。但弟子一不小心，就把花架绊倒了，整架的盆兰都散打翻在地。弟子心想：师父回来，看到心爱的盆兰这番景象，不知要愤怒到什么程度？于是就和其他师兄弟商量，等师父回来后，勇于认错，并甘愿接受任何处罚。

悟能禅师回来后，听说这件事后，一点也不生气，反而心平气和地安慰弟子说："我之所以喜爱兰花，为的是要用香花供佛，并且也为了美化寺院环境，并不是想生气才种的啊！凡是世间的一切都是无常的，不要执着于心爱的事物而难割舍，那不是禅者的行径！"

弟子听后，忐忑的心终于放下了。从此，他更精进于修持了。

可见，有一种佛家的种兰花的秉性，便会很安详，不会为不值得的事情而生气，反而更容易控制住自己，受到别人的赞许。

## 不幸之后，你还会这样领悟

1. 当困难、不幸突然降临时，与其暗暗生气、独自忧伤，不如在心中栽种一棵快乐的兰花，用坚韧与豁达去化解心中的烦恼；

2. 应该有些富贵于我如浮云的境界、应该有些五欲已消诸念息的追求，这样才能获得身无病、心无忧，乃人生至乐的雅趣；

3. 生活中有些人之所以常常感受不到快乐，就是因为他们时常心为物役，对物质追求患得患失。

4. “寻常一样窗前月，才有兰草便不同”，这是一种雅致；“松性淡逾古，兰心独不群”，更是一种高洁。

## 将嫉妒心化为随喜心

佛陀认为，嫉妒心是一种普遍存在的又具有极大杀伤力的消极的心态。我们会嫉妒别人比我们富有、比我们长得好看……一旦这样，就会心理不平衡，当然就会产生进一步的冲动或干戈。

佛陀便建议，克制自己的嫉妒心，并真心随喜，也能够快乐起来。

来看《杂譬喻经》中的一则故事：

在很多年前，有个婆罗门，他的妻子没有生育，他的小妾却生了一个男孩。因此，这个妻子嫉妒在心，趁旁人不注意的时候，把小妾的男婴害死了。

当小妾得知这个晴天霹雳的消息后，悲痛欲绝，并发誓一定要报仇。

后来，小妾郁郁而终，经过七世轮回，投胎为妻子的孩子。这些孩子生得可爱、聪明，但不幸都夭折了，这个妻子更是哭得悲天抢地。

偶遇一个僧人，告诉了这个妻子前因后果，妻子才决定向僧人求戒。僧人让她第二天到寺院里去受戒。

于是，第二天，这位妻子便去寺院，还在去寺院的路上，就遇到了那个小妾化为的毒蛇。妻子正在难堪，僧人跑过来呵斥了毒蛇。

两个人都明白前因后果后，便开始忏悔。

可见，嫉妒这种无形的东西，一旦任其发挥，就会带来不可估量的后果。

佛陀便常常会说起三国时期的周瑜，他可是一表人才，也有着很好的政治前景，但因为嫉妒诸葛亮的才华，最终患上了抑郁症，在难以改变的情况下，发出“既生瑜，何生亮”的感慨，怅恨离去！

还有英国剧作家、诗人莎士比亚的名著《奥赛罗》，其中的主人公奥赛罗由于怀疑妻子不忠，便起了嫉妒心，不光杀害了妻子，最后自己也同归于尽。

佛陀便说，嫉妒就像地狱里的魔鬼，会让我们产生不好的念头，走上末路。而要想克制这个消极的心态，就应该随缘，当看到别人快乐时，应该心中随喜。这样，才能不被魔鬼所戕害，才能克制自己的脾气，做一个理性的人。

这便是佛陀让我们在嫉妒上不生气的策略，使嫉妒心转化为随喜心便显得很重要了。

一切要随遇而安，就不会总眼红别人的成就，就能更好地现实，规制自己的行为。

1. 嫉妒就像恶魔，会吞噬我们的灵魂，一旦我们因嫉妒心做出了傻事，就难以挽回，只有忏悔了；

2. 佛陀说，当别人高兴时，应该随喜，替他感到快乐，而如果不能随喜，也要懂得克制，避免恶愿酿成祸害；

3. 每个人都会有嫉妒之心，通过努力不断地完善自己，就会减少这种心理的不平衡之差；

4. 嫉妒是一种不好的状态，会让我们失去正常的竞争。佛陀便建议我们，心往好处看，超越自己，才是最大的胜利。

# 因果循环的报应

在佛学中，是相信“恶有恶报，善有善报”的。先看《现代因果实录》中的一则故事：

有一个人到国外旅游，看到有一匹五光十色的马在拉游客，它生得健壮，却在此整天拉游客。到底是它前世种了什么因，才会欠下那么多人的债？

这位游客便去请教了一位德高望重的禅师，禅师说：“这匹马在前世是一个奴隶主，他残酷地压迫他的奴隶。最后转世沦为旁生，它罪孽深重啊，所以要如此为他人当牛做马！”

可见，因果循环会让人生畏，但也能更好地控制自己目前的行为。在泰国的一本《法句经》里，还有类似的一则故事：

有一位女人养了一只母鸡，等这只母鸡千辛万苦地孵出小鸡后，这位女人却把小鸡全吃掉了。母鸡因此怀恨在心。

后来，母鸡转世为猫，那个女人则投生成了一只母鸡。这只猫总会将母鸡下的蛋吃掉，这个母鸡也发了恶愿：“来世，我也要吃掉这只恶猫的孩子！”

它们死后，猫投生为母鹿，母鸡投生为豹子。豹子总会吃掉小鹿。

这样因果循环的悲剧在不断地上演着。

后来，到了释迦摩尼时期，母鹿成了一个罗刹，豹子成了一个女人，罗刹总是去吃女人的孩子，女人惊慌万恐地跑到佛陀面前去寻求救援。

佛陀了解了她们前世的因果，便说今生的恶缘是前世种下的孽，并让她们了结宿怨。

最终，罗刹和女人握手言和，摆脱了冤冤相报轮回的悲剧。

人便要很好地控制好自己的今生了，佛认为，善念的人有好结果，恶的人便会有不好的回报。

如果相信这种“今日苦乃昨日种”的因果循环，我们就能在面对很多不如意时，更好地让心归于平常了。

## 不幸之后，你还会这样领悟

1. 佛说：每个人如今所遭遇的一切，都有它特定的因缘，绝不是无缘无故的。如果我们相信佛陀的这一说法，便不会整天在愤世嫉俗中度过了；

2. 好人还会有好结果的，当别人得罪了我们，要去容忍、要相信“好人好报”的真谛，才不会很生气；

3. 记得有一个故事，说是有一个女人和一个男子热恋快要结婚了，男子却娶了其他的女子。这个女人伤心极了，在弥留之际来到佛陀面前，佛陀告诉她，那个男子前世死后一身不挂地被暴晒在沙滩上，她走过去，给那位男子盖了衣服，所以，那位男子今生和她相恋，而他今生娶的那位女子，是前世把他埋葬起来的那个人。我们相信这种因果了，会少掉很多不如意。

4. 即便现在过得很悲催，如果有一颗善良、向上的心，还是会在将来或来世过好的，如果认为佛陀的这一说法正确，便会活在当下、珍惜目前。

# 没有信仰的人太可怕

佛陀认为，很多人之所以无法无天，想做什么就做什么，是因为他们没有信仰，不知道做这些事情带来的苦果。

无论你是信仰什么，是宗教还是政治，一个具有信仰的人，是很靠谱的人，起码不会做出一些让人匪夷所思的事情。

信仰便显得那么可敬又那么可畏，会让我们的人格魅力更上一层。

你可以看到，世界上那些更有修养的人，都是有信仰的人。信仰会让他们约束自己的行为，在事情出现不测时，更好地面对。像世界上一些知名的人物，如莎士比亚、泰戈尔、爱迪生、林肯等，他们都是深具宗教信仰的人。这些改变世界的人物会有这么一份信仰，你是否能够也有信仰呢?

佛陀说，现代的很多人什么都不缺，但唯一缺的却是信仰。他们这样想干什么就干什么，但不注意前因后果，势必会自食其果了。

我们来看看世界上著名的大学，如哈佛大学、剑桥大学、罗马大学、巴黎大学至今还有神学院，正是因为具有那一份信仰，才能给其注入一脉活力。

对于我国的香港大学、香港科技大学等，那里的学生是不排斥任何信仰的，他们才是最出色的学生。而我们也说“信仰自由”，有自由的信仰便会让我们变得更有生机、活力。

要是心中有这一份信仰，我们会不至于随心所欲，为所欲为。

佛陀也认为，一个人应该有所拘束，在不生气这方面信仰起到的作用不可或缺。当你受到不公平的待遇时，信仰会让你更容易看得开。当你预感有意想不到的事情发生的时候，祈祷会有助于你马到成功。

当然，这种信仰并不是让我们太过于执着，信仰和迷信、科学也要有一定的平衡。

有信仰的人会内心淡然，会让人觉得可靠、可近！

1. 很多人让人敬而远之，是因为他们什么事都能做出来，和他们在一起会担心，这种人便缺少信仰；

2. 佛陀认为，有信仰会让我们对不幸有新的领悟，会化解一些看起来无法解决的难题；

3. 从佛教的层面来说，若想成佛，先学会做人，信仰会让你去做人；

4. 不要成为让人唯恐躲之不及的瘟神，那些地狱里的撒旦，之所以行为让人不齿，是因为没有信仰；那些大慈大悲的菩萨，普度众生，是因为有信仰，才让人尊重、敬佩。

## 忍，是一种高深的修为

“忍”是一种深厚的涵养、是一种高尚的姿态，又是一种处理不幸的很好方式。当受到别人的顶撞、亲人的错怪、同事的误解、讹传导致的轻信、流言制造的是非……此时生气无助雾散云消，恼怒不会春风化雨，而一时的忍让则不仅可以化冲突为详和、化干戈为玉帛，也可以使自己的人格和品性散发出幽雅的香气，从而受到公众的赞美和拥戴。

中国也有句古话：“人在屋檐下，岂能不低头?”这句话如果我们从其有益的一面理解，正好说明了“忍”在客观现实于我们不利时的积极作用。这时的“忍”不是怯懦，而是胸襟大度的表现；这时的妥协也不是失败，而是成功的积蓄。从这个角度来讲，顽强执着是一种人生智慧，而忍让妥协则是另外一种智慧。

忍，让你在困境中变得更强大，磨炼你的意志，让你拥有更好的姿态重新站起来。

来看一则故事：

在清朝康熙年间，宰相张英是一个有高深修为的人。

一天，张英接到远在安徽桐城的一封家书，信上写着：邻居修缮老屋，占用了张英家的地皮。为此，张母修书要张英出面干预。张英看罢来信，立即提笔写诗劝导老夫人：“千里家书只为墙，再让三尺又何妨？万里长城今犹在，不见当年秦始皇。”

张母见诗明理，立即将好端端的院墙拆除并退后三尺。邻居见此情景，深感惭愧，也马上把墙拆除并退后三尺。

这样，在两家的院墙之间，就形成了六尺宽的巷道，从此便有了千古流传的“六尺巷”。

事情就是这样：争一争，行不通；让一让，六尺巷。

可见，当遇见针锋相对解决不了的问题时，忍让反而使之得以化解，这也是佛家所坚持的智慧。

1. 古往今来，凡能成大事者，无不是能忍常人之不能忍，能吃常人不能吃之苦的坚忍之士；

2. 脆弱的人在事业上一经失败，便会一败涂地、一蹶不振，但那些坚忍的人是不会一败涂地、一蹶不振的。相反，他们还会以更大的决心、更多的勇气站起来前进，直至得到最后的胜利为止；

3. “忍”是一种深厚的涵养、是一种高尚的姿态，又是为人处事必不可少的一种方式；

4. 忍耐虽然痛苦，果实却最香甜，所以，当我们身处逆境的时候，需要坚忍，才能磨炼意志；当我们遭遇失败时，需要坚忍，才能积蓄能量；当我们山穷水尽的时候，更需要坚忍，才能守得云开见月明。

## 会克制，便有更多的快乐

会克制自己是一件非常不容易做到的事情，我们每天几乎都是在理智和感情的较量的生活中度过的。不能克制自己的人，会容易遭受不幸和打击，成为被别人利用的对象，反之，会行得正和走得端。

当我们遭受到别人的讥讽和不公平地对待时，就要克制住自己了。俗话说：“壶小易热，量小易怒。”也就是说，动不动就发脾气、动肝火是胸襟狭窄、气量太小的表现，会损害身心的健康，甚至会遭受更大的损失。

来看一则故事：

有一个十分任性和性格暴躁的孩子，他说话粗野，常常因为粗鲁的语言而遭人厌恶。他的身边没有了朋友和好伙伴，他为此也苦恼。这时，他的父亲告诉他：“当你自己发脾气、将要克制不住自己时，就在门前的那棵树上钉一枚钉子。”

那个小男孩照着父亲的话，认真地去做了，而且他还时常叮嘱自己，遇到相同的事情不要犯同样的过错。时间一长，他发现，如果克服自己的愤怒情绪——会为自己带来很多意想不到的好处：能遇事不慌，能把握住未来。渐渐地，他学会了控制自己的不好情绪。开始的时候，钉子很多，后来，钉子越来越少了，因为他已经学会克制自己了。

有一天，他兴奋地告诉父亲：“我已经有好长时间不钉钉子了——知道了自己如何克制自己。对于那些不讲道理的人也有办法应对了，和别人的关系越来越融洽。”

父亲说："你学会了以平和的心态去对待别人，这正是我想要得到的结果。以后，每当你解决了和别人的矛盾时，不再无故地伤害别人时，每发生一次，就从木柱子拔掉一枚钉子。"

不到很长时间，当孩子想要发泄一通自己坏脾气的时候，就想起了父亲说的话，努力克制着自己，调整好心态后，就从木头上拔掉一颗钉子。渐渐地，树上的钉子慢慢地被拔光了。

这次，他又高高兴兴地向父亲汇报。父亲很平静地带他来到了门前的那棵树旁，指着那些密密麻麻的钉子眼说："孩子，每当你脾气暴躁伤害了别人以后，留在人们心上的伤疤就像这些钉子眼，是很难消除的。伤害一个人很容易，恢复美好的情感却是相当困难的。"他羞愧地低下了头，对自己以往的过失懊悔不已，密密麻麻的钉子眼就像钉在自己心上一样让他痛苦不堪。

可见，不会克制自己，会给别人带来伤痕，而且难以消除。佛家便建议我们：学会克制、学会忍耐，忍一忍心平气和，退一步海阔天空。

1. 如果一遇到事情就很长时间近乎歇斯底里而不能平静下来，那么，对你的身体或者精神绝不会有好处；

2. 有的人向来脾气火暴，做事情常是不考虑后果。这样的人会让其身边的人担忧不已，生怕哪一天就给他们捅下一个天大的娄子来，犹如一颗"大鞭炮"。对"大鞭炮"型的人来说，不管是谁，只要是拿"火"一点，准能及时爆炸开来。这样的人更容易被一些别有用心的人所鼓惑、利用；

3. 我们应当管理自己的愤怒，不被生气主宰，做一个让人亲近的人；

4. 每个人的生活都不会一帆风顺，要想人生的航程顺利一点，就要加强克制和忍耐的修养。

## 动怒时，向天空仰望三分钟

一个人要成大事，首先要学会控制自己的愤怒。控制了你的愤怒，就等于控制住了不幸事情的发生。人生的很多不幸，都是在冲动和动怒的时候发生的。

人在高兴时，不能任由自己的愤怒发泄出去，要学会控制自己的愤怒。因为一个无法控制自己情绪的人，一定也无法控制自己的人生。你的情绪若不正常，会直接影响到你的心态，影响到你的工作效率，影响你的上司、同事或下属。试想，一个老板，一大早走进公司就阴沉着脸，下属看见了会做何感想？他会想老板不是跟太太吵架了，就是公司的事情有些不妙了。

能控制自己愤怒的人才能避免一些不必要的麻烦，从而使他们的成功成为必然。不能够控制自己愤怒的人其实就是自己为难自己，因为成功会因此离他越来越远。

来看一则故事：

美国钞票公司的总经理伍德赫尔想出了一种很好的办法来发泄他的怒气。

在他还很年轻的时候，他在一家公司任职，那是一个地位很低的位置。对此，他很不满意，因为别人并不怎么重视他，自己升迁的机会也不多。其实有许多青年都有这种感觉，但是，如果他们将这种不满表现得太明显，就会让上司不高兴。伍德赫尔是怎么办的呢？他说："有一段时期，我的这种感觉非常强烈，并且渐渐地扩张，以至于我觉得非离开这个鬼地方不可。在我写辞职信之前，我拿了一支笔和一瓶红墨水——因为黑墨水不足以发泄我内心猛烈燃烧的愤怒。坐下来，把我对于公司中每个上级职员和经理的批评都写在一张单子上。我写得很不错，用词考究而优美。然后，我把这些东西收了起来，把我的愤怒讲给一个老朋友听。”

这位老朋友让伍德赫尔另外拿了一瓶黑墨水来，让他把这些人的才能写出来，并把他自己所能做的事也写出来，以及他如何计划在10年中改变自己的地位等都写到纸上。然后，再让他把这两种颜色的单子互相比较一下。于是，他的一切愤怒便马上消减了。这使他能冷静地看待事实了，最终他决定还是留在这里。

“以后凡是我忍不住的时候，”伍德赫尔说，“我便坐下把我所要说的而不敢直说的话都写下来。这实在是一种很好的、很安全的活塞。我写完之后，一身清爽多了。我把写的这些东西藏起来，不让别人看见。慢慢地，大家都知道我有一种很强的自制能力。我劝告那些要管理别人的人，无论年轻的还是年长的，都应该学着写写这种红墨水单子，来约束自己。”

可见，我们也需要有自制的能力，当不高兴的时候，把不满写出来，然后就会冷静了。佛家便建议：当动怒的时候，向天空仰望三分钟，那么，在三分钟之后，你就会镇静下来，不为此事生气了。

## 不幸之后，你还会这样领悟

1. 控制消极情绪似乎是一件很难做到的事，其实只要你在日常生活中注意培养自己控制情绪的能力，那么到了关键时刻你就能做到“每临大事有静气”；

2. 当你遇到事情时，面对人际矛盾时，要学会克制、学会忍耐，不要像炮捻子，一点就着；

3. 如果你想和对方一样发怒，你就应该先想想这种爆发会产生什么后果，那么你就会约束自己、克制自己，无论这种自制是如何的吃力；

4. 无论一个人有多么过人的天赋，如果他不运用自律，就绝不可能把自己的潜能发挥到极致。

## 心怀感恩，拥有净化心灵的圣水

佛家认为：成功让我们欣慰，苦难也同样让我们感到慰藉，因为它擦亮了我们的眼睛，让我们变得更加刚强坚毅。就如同我们应该感谢失败一样，我们也应该感恩伤害过我们的人，因为他们像是一面照亮自己的镜子一样，照亮了我们人生前进的道路。

佛家便建议，要懂得感恩，感谢伤害过你的人，因为他磨炼了你的心志；感谢欺骗你的人，因为他增长了你的见识；感谢鞭打你的人，因为他消除了你的恐惧；感谢遗弃你的人，因为他教会了你自强自立；感谢绊倒你的人，因为他强化了你的能力；感谢斥责你的人，因为他助长了你的智慧……

而在现实生活中，感谢那些给予我们关心、帮助与掌声的人，是容易做到的，只是去感谢伤害、欺骗我们的人，却难以做到。但是实际上，打击与伤害我们的人，与关心和帮助我们的人一样应该受到我们的感谢。前者就像严冬，考验我们的意志，消除我们的骄气，扭转我们膨胀的恶习，让我们更深刻地思考自己的行为，采取更科学的方式生活。前者与后者，就像我们人生路上左右设置的沟谷，他们共同组成人生夹道的轮廓，是我们成长之路上缺一不可的左右护佑神。

来看一则故事：

有一天，师傅和徒弟开车到乡下去送货。乡下的路崎岖坎坷，有沙子和石头，车一路上走得很慢。回来的时候，在石子路上，“砰”的一声响。车后轮的一只轮胎爆了，车上有一只备用轮胎，可是他们忘了带千斤顶。

在不远处的路边有两间房子。师傅指着前面的房子对徒弟说："去，你去把千斤顶借来。"徒弟愣了一下，问师傅："你怎么知道那儿有千斤顶？"师傅说："你要想着那儿有。"徒弟说："那要是没有呢？"师傅说："没有你也要想着那儿有。"徒弟说："要是那儿有，但是他不借呢？"师傅说："你要想着他会借。"徒弟说："要是他有，他不但不借，他甚至连门也不开呢？"师傅说："你要想着他会开门。"

师傅给徒弟说了很多话，徒弟将信将疑地去了。徒弟走到那两间房子前，敲门，门开了，开门的是一位中年男人。徒弟说："又有事需要您帮忙了！"中年人看了看这个陌生的年轻人，说："我不认识你啊，我肯定没帮过你，你怎么说又有事需要我帮忙呢？"徒弟说："您家在路边，尽管您没帮过我，但您一定帮过不少其他人。所以，我来了，对您来说，是不是又有事需要您帮忙了？"

徒弟的话，有不少感激之意。对于这样的一个陌生人，中年人觉得自己没有不帮忙的理由。只是中年人并没空，他正准备去办一件自己的事情，可是他听了徒弟的话，便先放下自己要办的事，对徒弟说："说吧，你有什么事情需要我帮忙呢？"徒弟这才说："我的车子有一只轮胎爆了，我想，会有人向您借过千斤顶换轮胎，我也想借用一下。"

说实在的，中年人不是搞汽车修理的，他是没有千斤顶的，可他听了刚才的话，就说："好吧，我知道哪里有，我带你去。"中年人便骑上摩托车带着徒弟走了好远的路，到他的一个熟人那里借来了千斤顶。徒弟对这个中年人万分的感激。

徒弟借来了千斤顶，他高兴地对师傅说："师傅，一切都像你说的那样，你是怎样想到的呢？你怎么会这么神奇啊？"师傅说："很简单，不管他有还是没有，也不管我们能不能向他借到，但他是我们的希望，而对于希望，我们首先不是索要，而是要心存感激，感激他给我们带来希望。而承受了你感激的人，是会给你带来希望的。"徒弟恍然大悟，并牢牢地记住了。

可见，在寻求陌生人的帮助时，要诚恳，即便不知道别人是否会给予你帮助，都要存有感恩之心。佛陀便说："对于那些不帮助你的人，也不要嫉恨、对他倒打一耙。感恩，会让你的心灵像被圣水净化了一般，无论何时，都能坦然处之并接受。"

1. 感恩是有效控制生气的一种策略；

2. 心怀感恩的人是有佛家容忍智慧的，会活得更为实在；

3. 任何事物都具有两面性，快乐是一种幸运，不幸也是一种幸运，有了不幸才能让我们更加懂得快乐的内涵，才会更加珍惜所拥有的快乐时光；

4. 感谢伤害和带给我们不幸的人，需要胸怀和气度、需要有辩证的眼光。

## 不因小事而生气，生活才能大自在

佛陀说："不因小事而生气，生活才能大自在。"

在生活中，十事九不周，不顺心的事情太多，几乎每天都可能遭受一些小挫折，甚至是影响到你一天的心情。长期下去，轻易击垮你的并不是那些看似灭顶之灾的困境，往往是那些微不足道的极细微的事。当遇到那些小事时，别去理它，去干你应该干的事。而喜欢生气、为小事抓狂的人，总是让别人有机可乘。

生气当然不会是件好事，至少对健康就是不利的因素，若能训练自己，在生活中减少对外在环境的过度反应，也许，有助于你内心的平和。来看清朝光绪年间东阁大学士阎敬铭写的《不气歌》：

他人气我我不气，我本无心他来气。

倘若生气中他计，气下病来无人替。

请来医生将病治，反说气病治非易。

气之为害太可惧，诚恐因气把命废。

我今尝过气中味，不气不气真不气

这首诗，以幽默、诙谐的语言，奉劝人们遇到别人的伤害、打击或不公平、不如意事情的时候，尽量想开一点，少生闹气、少生闷气，以免气大伤身。

想想确实有其道理。"人生一世，草木一春"，短短的几十年人生，何不让自己活得快活一点，潇洒一点，何必整天为一些鸡毛蒜皮的小事生气呢？

来看一则故事：

春秋时，楚庄王有一次和群臣宴饮，当时是晚上，大殿里点着灯，正当大家酒喝得酣畅之际，突然灯烛灭了。这时，楚庄王身边的美姬“啊”地叫了一声，楚庄王问：“怎么回事啊?”美姬对楚庄王说：“大王，刚才有人非礼我。那人趁着烛灭拉我的衣襟。我扯断了他的帽子上的系缨，我现在还拿着，赶快点灯，抓住这个断缨的人。”

楚庄王听了，并没有因为这件事情而大发脾气，而是说：“是我赏赐大家喝酒，酒喝多了，有人难免会做些出格的事，没啥大不了的。”于是，他命令左右的人说：“今天大家和我一起喝酒，如果不扯断系缨，说明他没有尽兴。”群臣一百多人马上扯断了系缨而热情高昂地饮酒，尽兴而散。

过了三年，楚国与晋国打仗，楚国陷入了一场灾难。由于兵力悬殊，楚国很有可能被灭，而楚庄王自然会成为亡国之君。面对这样的不幸，任何君王都是不能接受的。

可是，就是这时，杀出一位异常奋勇的将军，英勇无敌。战斗胜利后，楚庄王感到好奇，忍不住问他：“我平时对你并没有特别的恩惠，你打仗时为何这样卖力呢?”

他回答说：“我就是那天夜里被扯断系缨的人，大王您是一位明君，并没有因为这件事情而生气，所以我愿意为了您而去拼命。”

楚庄王哈哈大笑说：“没想到我的一次不生气，居然挽救了一场大灾难啊!”

可见，就没有必要为一些小事而生气了。人与人之间为小事而争吵、欺诈、迫害，都是浪费精力又无意义的事情。

## 不幸之后，你还会这样领悟

1. 人们喜欢为了一些鸡毛蒜皮或不重要的事物，争执不休，到最后只是浪费有限的生命，而一无是处；

2. 为小事生气，既不值得，还损害了我们的健康；

3. 一个不会生气的人是庸人，一个只会生气的人是蠢人，一个能够控制自己情绪，做到尽量不为小事生气的人是聪明人；

4. “人生一世，草木一春”，何不活得自在一些，何必要为一些芝麻粒的小事而生气呢?

# Chapter10
# 野心与优雅

人们总活在野心与优雅的争斗中，于是不幸也层出不穷。要很好地审视这一份野心与优雅，做一个明智之人，更好地达成目标。

## 谁都可以拥有优雅的人生

优雅的人生，就是要捕捉生命中的点点滴滴，无论是平凡的还是不平凡的，都要在细细咀嚼人生酸甜苦辣后，绽放出耀眼的光芒。

“优雅是永恒的特效药，它赋予思想以力量和生命。”优雅是种神奇的东西，凭借着优雅，会诞生许多奇迹，而且在优雅的指引下，还会有更多奇迹被创造出来。优雅是一种深远、本能的精神力量，顾名思义，有优雅就是要你彻彻底底地相信——相信自己、相信潜能、相信自己背后无限的力量。相信了这些就打开了能量的阀门、就打开了希望的天空，于是一切就有了新的可能、就会有新的超越。

每个人都有自己的活法。拥有优雅的人生，并不是让自己去做那些做不到的事情，而是在生命中实现自我，学会在平凡和不平凡之间，活出真正的自己。把握自己的生命，高悬某种理想或信念，集中自己的全部精力，沿着一个明确的目标努力。有许多人庸庸碌碌，悄然逝去，这是因为他们自甘于平庸，认为灾难是上天注定给自己的安排，自己不幸的命运也是天注定的，却从没想到人生是可以创造的，可以保持自己的那份优雅。人生存在世上，没有什么是天定的，好好地利用自己作为人的优势，朝着自己的计划和目标奋进，就会拥有战胜一切不幸的勇气。

来看一则故事：

有一位小女孩，是一个孤儿，被一对教师夫妇所收养。小女孩常常问教师夫妇：“为什么我是如此的不幸，一生下来就是没爹没妈的孩子，活着究竟有什么意思?”

夫妇对小女孩的问题总是笑而不答。

一天，夫妇交给小女孩一块瓷器，让她拿到市场上去卖，但不是“真卖”：无论别人出多高的价钱也不卖。在市场上小女孩惊奇地发现，不少人好奇地对她的瓷器感兴趣，出的价格也是水涨船高。过了几天，瓷器的价钱还在不断地上涨。

最后，当瓷器被拿到瓷器市场上时，瓷器的身价又涨了3倍，由于小女孩怎么都不卖，后来竟被传扬为“稀世珍宝”。

后来，这对夫妇是这样对小女孩说的：“生命的价值就像这块瓷器一样，虽然刚开始的时候，的确处在了一个不好的环境中，只能当作花瓶，但是它在不同的环境下就会有不同的价格。一个不起眼的瓷器，由于你的珍惜而提升了它的价值，竟被传为稀世珍宝。你不就像这个瓷器一样？只要自己看重自己，珍惜自己，生命就有价值，人生就拥有非凡的意义。谁没有不幸的人生，谁的人生都可以不幸，不管你出生是多么不幸，只要你相信，照样可以拥有自己优雅的人生。”

我们便可知，我们并不是最优秀的，但可以保持那份优雅的人生。也要明白，世界上没有两片相同的叶子，同样，也不存在另一个你。不管在生活中你有着什么样的境遇，遭遇到什么样的不幸，你都是独一无二存在的，这世上没有任何人会跟你一模一样。

## 不幸之后，你还会这样领悟

1. 优雅，会让你活出独一无二的自我；

2. 拥有优雅的人生，并不是让我们去做那些做不到的事情，而是在生命中找到自我、实现自我；

3. 只要放对环境，你就是最为出色的，所以你要找到适合你的环境；

4. 最优雅的人生，就是能够在生活中自由自在地挥洒、勇于选择和不畏惧人生的磨难。

## 野心，是按在体内的发动机

生活中，我们常常会听到这样的抱怨：“为什么别人总是那么幸运，而我总是那么倒霉？为什么别人总是比我强，做得比我好，而我总在不断地遭受不幸？”其实，很简单，就是别人有野心，而你没有。

野心，说白了是人们特有的一种潜能，反映了人们对美好未来的向往和追求。野心揭示了人生的奋斗目标，是摆脱一切人生困境的源泉、是人生的精神支柱。“野心”往往和目前的行动不直接联系，但与现实生活却是紧密相连的。现实生活中的某些现象如果符合个人的需要，与个人的世界观相一致，这些现实的因素就会以个人的理想和形式表现出来。理想总是对现实生活的重新加工，舍弃其中的某些成分，又对某些因素给予强调，你的理想完全可以变为现实。

人们也因为有了野心而变得有动力，因为追求自己的“野心”生活才多彩多姿。

野心就像一台安装在体内的发动机，源源不断地给你输送能量，推动你走出人生的沼泽、不幸的泥坑。

那么，如果一个人想获得巨大的成功，他必须要有野心。野心是成功的动力，当懈怠、懒惰的时候，野心就会犹如清晨叫早的闹钟，将你从梦魇中叫醒；当疲惫、步履沉重的时候，野心就会犹如沙漠中的绿洲，让你看见希望；当遭遇挫折、心情沮丧的时候，野心就犹如破晓的朝日，驱散满天的阴霾。

在野心的驱策下，人们能不断地激励自己，获得精神上的力量，焕发出超强的斗志。能够执着野心的人，不会轻易被打败。

来看一则故事：

有三个人在砌一堵墙。

有人过来问："你们在干什么？"

第一个人没好气地说："没看见吗？砌墙！"

第二个人抬头笑了笑，说："我们在盖一幢高楼！"

第三个人边干边哼着歌曲，他的笑容很灿烂："我们正在建设一座城市！"

十年后，第一个人在另一个工地上砌墙；第二个人坐在办公室里画图纸，他成了工程师；第三个人呢，是前两个人的老板。

可见，三个同样起点的人对相同问题的不同回答，展现了他们不同的人生境界。十年后还在砌墙的那位胸无大志，当上工程师的那位愿望比较现实，成为老板的那位却志存高远。最终，他们的"野心"决定了他们的命运：想得最远的走得也最远，没有想法的只能在原地踏步。

我们也要更具有野心，这会让我们取得更大的成功。

1. 看清自己，给自己定位，设定目标，规划理想，你将一步一步地走向成功；

2. 世上有一种财富是我们与生俱来的，这种财富就是"野心"。做一个有"野心"的人或许不一定会快乐，但是做一个没有"野心"的人一定会很乏味；

3. 因为有野心，所以你会更发愤图强，创造的价值也更为可观；

4. 野心会让你不断地获得生命的动力与活力，更好地前进。

## 不活在别人眼里，而活在自己心中

俗话说得好："什么样的鞋最舒适，只有自己的脚知道。"其实，人生也是如此。在这个世界上，只有自己才最了解自己的人，自己才知道自己最想要的是什么，自己才是知道自己该成为什么样的人。然而，生活中很多时候，我们常常会被别人支配，"你应当……""你不应该……"。尤其是你最亲密的朋友、亲人，或是你的上司和领导，你很难拒绝，很难开口说"不"字。

万一哪天对方又要你做这个、做那个，而你却坚持己见时，那会发生什么事呢？一方面，对方一定会勃然大怒，认为你违背了双方的承诺；另一方面，如果你坚持不做这些"应该"做的事，你会心生愧疚。最明显的现象莫过于，你总是强迫自己做一些你并不想做的事，即使有不满的情绪，你也强忍着去做。你认为别人把这些事情交给你做，是因为看得起你，信任你的能力。如果你一旦拒绝，别人就会怪罪你，批评你不善于与人合作，使你产生一种罪恶感。

这样一来，你的生活便陷入了左右为难的境地。如果你做得不是自己想要的，自己喜欢的，你便不能充分发挥你的潜能，你的行为也会受到束缚，你碰壁的机会就会增加，倒霉的也是你。

因此，便不要忘了，我们有权利决定生活中该做些什么事，不应由别人来代替做决定，更不能让别人来左右我们的意志，让自己成为傀儡。

记住，我们不是活在别人的眼里，而是要活在自己的心中，要活出自己的那份优雅！

来看一则故事：

在一个春寒料峭的下午，一家外企的门前，通往公司大门的高台阶下，停放着一辆豪华的轿车。一位长得挺帅的中国小伙子恭敬地侧身一旁，一只手拉开车门，另一只手护在车门楣上，恭恭敬敬地立着。一位身形高大的外国人在钻到车门楣下时，猛地起身用脑瓜往上一顶，那位秘书的手背上立即流出鲜血……

这显然是蓄意的，但是那位小伙子却诚惶诚恐地问："总经理，您没事吧?"

"我没事，你呢?"

"您没事就好！您没事就好!"那位小伙子如释重负，十分优雅地将受伤的那只手背到身后，用另一只手再次护在车门楣上，依旧温文尔雅地微笑着说："请!"

"慢!"

就在总经理坐进车内正想启动时，一位小姐从公司的玻璃门后冲了出来。她的一只高跟鞋在冲下台阶时甩掉了，于是她极快地踢掉另一只，三步并作两步冲到车前，一下子拽开车门，以不容商议的口气说："总经理先生，请您下车!"

这位身材窈窕的小姐，光着脚站在车门前，静静地站着，僵持了几秒钟后，那位外国人只有顺从地钻出了汽车。

这时，小姐转过身来，一把抓住那位秘书的手，从衣兜里抽出一块手绢，迅速地包扎着……鲜血浸透了手绢，小姐又掏出另一块手绢，精心地、一层一层地包裹上去。

因为工作的关系，她穿得十分单薄。上身一件丝质衬衫，下身一件黑色及膝短裙和长筒丝袜。

秘书羞愧地垂下头。

小姐又转过身面对那位高大而卑鄙的总经理，义正严词地说："您有责任送他到医院医治!"

"是的，是的。"外籍总经理只得连声说道。

总经理的专车便在抛下总经理后载着伤者飞驰而去。

可见，我们顺从别人是好，但在必要的时候要有自己的意见，不然成为了没有思想的动物，一生就没有价值可言了。

1. 要尊重上司或领导的意见，但唯唯诺诺、言听计从，到后来只会成为别人的棋子；

2. 人要有判断和主见，才不会随波逐流；

3. 当不想做的时候，可以说出“不”，因为这份优雅，会让你淡定、从容地活着；

4. 我们不是要活在别人的眼里，而是要活在自己的世界里。

# 坐在“第一排”，成为生命的王者

如果你的人生是在大森林里，那么你是希望做一头狮子还是做一只兔子？如果你的人生是在大草原里，那么你是希望做一头猎豹还是做一头奔跑的羚羊？毫无疑问，聪明的人都会选择做王者，都会选择食物链的最上层。因为当你坐在人生的“第一排”，那就意味着很多的不幸不会降临到你的头上，你拥有很少的敌人，拥有很多的机会。

然而在生活中，你敢不敢说“我要坐在第一排”？回答这个问题并不困难。如果你是个渴望走出不幸的人，并且意识到以欲望为中心是成功的基础人，请回答：“当然，我就是要坐第一排。”如果想保持一点谦虚的绅士风度，你也可以回答：“不是要坐第一排。”但要不失时机地补上一句：“是并列为第一排”。

为什么一定要是第一排呢？因为你本来就是坐第一排的。至少，你要在意识中播种争第一的优雅，这样，你的野心才会真正地成熟起来。记住！生活需要野心，要有敢于做第一的野心！

你便可以得知，无数人尊敬的成功者，都曾宣称自己是第一人物。是不是第一无须深究，关键是他们的确取得了个人的成功。而当今社会竞争激烈，想坐在头一排的人有不少，真正能坐在前排的人却总不会很多。

那些不能坐在前排的人，往往把“坐在前排”作为一种人生理想，而没有真正付诸于行动，所以他们并没有解决人生的不幸。那些最终坐到“前排”的人，之所以能够活得顺风顺水，是因为他们不但有理想，更重要的是，他们把这种人生欲望变成了行动。

来看一则故事：

20世纪30年代，在英国一个不出名的小镇里，有一个叫玛格丽特的姑娘，自小就受到严格的家庭教育。

父亲经常向她灌输这样的观念：无论做什么事情都要力争一流，永远坐在别人前头，而不能落后于人。

“即使坐汽车，你也要永远坐在前排。”父亲从来不允许她说“我不能”或“太难了”之类的话。

对于年幼的孩子来说，父亲的要求可能太高了。但他的教育在以后的年代里被证明是非常宝贵的。

正是因为从小就受到父亲的“残酷”教育，才培养了玛格丽特积极向上的心态和优雅。

在以后的学习、生活和工作中，她时时牢记父亲的教导，总是抱着一往无前的精神和必胜的信念，尽自己最大的努力克服一切困难，做好每一件事情，事事必争一流，以自己的行动实践着“永远坐在前排”的誓言。

还在上大学时，学校要求学5年的拉丁文课程。玛格丽特凭着顽强的毅力和拼搏的精神，在一年内全部学完了。令人难以置信的是，她的考试成绩竟然名列前茅。玛格丽特不光在学业上出类拔萃，她的体育、音乐、演讲也是学生中的佼佼者。她当年的校长这样评价说：“玛格丽特无疑是我们建校以来最优秀的学生，她总是雄心勃勃，每件事情都做得很出色。”

正是因为如此，40多年以后，英国乃至整个欧洲政坛上才出现了一颗璀璨耀眼的明星，她就是连续4年当选英国保守党领袖，并于1979年成为英国第一位女首相，雄踞政坛长达11年之久，被政界誉为“铁娘子”的玛格丽特·希尔达·撒切尔夫人。

她使英国在经济、文化和政治生活上都发生了巨大的变化。直到今天，撒切尔夫人对英国的影响力仍然存在，不只是在英国国内，就是在整个国际社会，她都被视为是一位强有力的领导人，她在很大程度上使得外界改变了他们对妇女的印象。

可见，我们有必要争当第一，只要有这种决心，某一天就会美梦成真，就会走在人们的前列。

1. 坐在第一排，会让我们在野心中保持优雅，以王者的姿态迎接接下来的人生；

2. 坐在第一排并不是让我们凡事都力争，对于一些无关紧要的，大可以放弃；

3. 拥有“永远坐第一排”的积极态度，会让你对生命有更多的主宰权；

4. 立志做第一，会让你王者居上，最大限度地发挥你的潜能。

## 优雅，帮你扫除心灵的尘埃

其实，有些人的不幸，并不在于你的生活遭遇了什么重大不幸，而是你的心灵陷入了困境的沼泽。因为生活中，财、色、利、贪、懒……时刻潜伏在我们的周围，就像看不见的灰尘一样无孔不入。那些尘埃，颗粒极小、极轻。起初，我们全然不觉它们的存在，比如一丝贪婪、一些自私、一点懒惰，几分嫉妒、几缕怨恨、几次欺骗……这些不太可爱的意念，像细微的尘灰，悄无声息地落在我们心灵的边角，而大多数的人并没注意，没去及时地清扫，结果越积越厚，直到有一天完全占满了内心，人渐渐地就变得快乐少于烦恼了。

这时，你才得知，落叶之轻，尘埃之微，刚落下来的时候难有感觉；但是存得久了、积得多了，清理起来就没那么容易了，它会深深地扎进你的心灵，让你备感痛苦。

在生命的过程中，也许我们无法躲避这些飘浮着的微尘，但千万不要忘记、拂去。有些人，整天愁眉不展，快乐少于烦恼；而有些人，整天嘻嘻哈哈，快乐多于烦恼。为什么人的生活会有这样大的差别呢？答案很简单：关键看你能不能随时保持一份优雅，除去心灵的尘埃。

那么，我们便需要去寻找一把清扫心灵的“扫帚”，这把“扫帚”就是独守那份优雅。

优雅是一面明镜，可以清楚地照出你心里的痛苦；优雅是一把扫帚，帮你清除的心灵蒙尘，保持快乐的根源。

来看一则故事：

有一位叫清一的大师与一位叫无尘的弟子在庭院中散步，突然刮起了一阵大风，从树上落下了好多树叶。

清一大师就弯下腰，将树叶一片片地捡了起来，放在口袋里。

站在一旁的弟子无尘忍不住劝说："师父！您老不要捡了，反正明天一大早，我们都会把它打扫干净的。您没必要这么辛苦的！"

清一大师不以为然地说："话不是你这样讲的，打扫叶子，难道就一定能扫干净吗？而我多捡一片，就会使地上多一分干净啊！而且我也不觉得辛苦呀！"

弟子无尘又说道："师父，落叶这么多，您在前面捡，它后面又会落下来，那您要什么时候才能捡得完呢？"

清一大师一边捡一边说："树叶不光是落在地面上，它也落在我们的心底上，我是在捡我心底上的落叶，这终有捡完的时候。"

弟子无尘听后，终于懂得禅者的生活是什么了。之后，他更是精进修行。

可见，优雅的人会更好地、及时地清扫内心的落叶，不然，时间长了，心没有被清扫，就会积着厚厚的一层，灵智被蒙蔽了、善良被遮挡了，纯真亦不复见。

## 不幸之后，你还会这样领悟

1. 地上有多少落叶且不必去管它，而人心里的枯叶则是捡一片少一片，"佛尘扫垢"，才能还自己一片优雅清静之地；

2. 我们需要去寻找一把清扫心灵的"扫帚"，这把"扫帚"就是独守那份优雅；

3. 在漫漫人生中，也许我们无法躲避飘浮着的微尘，但千万不要忘记拂去；

4. 优雅是一面明镜，可以清楚地照出你心里的痛苦；优雅是一把扫帚，能够帮助你清除心灵的蒙尘，保持快乐的根源。

## 欲望，是逃出困境的稻草

每个人的人生就像金字塔，只有往上攀登，才可能享受最大的自由和空间。但是大多数人都庸庸碌碌，老地方徘徊终其一生；一小部分人按部就班，辛辛苦苦地在从E层爬到D层、C层；只有少数人，能很迅速地攀到A层，跻身成功者之列，享受无限风光在顶峰的潇洒。

如果你现在没有成功、没有地位、没有财富，就需要有欲望了。只要你有欲望，有把欲望贯彻到底的智慧、毅力和勤奋，那么你站在金字塔的塔顶的时刻，便指日可待了。

当你有足够强烈的欲望去改变自己命运时，所有的困难、挫折、阻挠都会为你让路。欲望有多大，就能克服多大的困难、就能战胜多大的阻挠。你完全可以挖掘生命中巨大的能量，激发成功的欲望，因为欲望有时就是力量。

来看一则故事：

索拉菲是一位年轻的媒体大亨，靠经营肖像画起家，在短短的5年时间内，迅速跻身于英国十大富翁之列。1998年，索拉菲遭遇了人生最大的不幸，因前列腺癌在英国皇家医院去世。临终前，他留下遗嘱，把他的4 000万英镑的股份捐献给皇家医院，用于治疗前列腺癌的研究。另有10万英镑作为奖金，奖励给逃避不幸最有效的办法。

索拉菲去世后，英国一家报社刊登了他的一份悬赏。他说：“我曾是一个穷人，生活充满了不幸，可是去世时却是以一个富人的身份走进天堂的。在跨入天堂的门槛之前，我不想把我成为富人的秘诀带走，现在秘诀就锁在瑞士银行我的一个私人保险箱内，保险箱的三把钥匙在我的律师和两位代理人手中。谁若能通过回答摆脱不幸最有效的办法，那么他将得到我留给他的这份奖励。当然，那时我已无法从墓穴中伸出双手为他的睿智而欢呼，但是他可以从那只保险箱里荣幸地拿走10万英镑，那就是我给予他的掌声。”

消息刊登后，报社收到大量的信件，有的骂索拉菲疯了、有的说报社为了提升发行量在炒作，但是更多的人还是寄来了自己的答案。

绝大部分人认为，摆脱不幸最有效的办法是金钱，不幸的人还能缺少什么？当然是钱了，有了钱，一切不幸就不再是不幸了。还有一部分人认为，不幸的人最缺少的是机会。一些人之所以不幸，就是因为没遇到好时机，股票疯涨前没有买进，股票疯涨后没有抛出，总之，不幸的人都输在了背时上。另一部分人认为，不幸的人最缺少的是能力。能够轻易摆脱不幸的人往往有一技之长。还有的人认为，不幸的人最缺少的是帮助和关爱。当然，还有一些其他的答案，比如不幸是因为不漂亮。总之，答案五花八门，应有尽有。

索拉菲逝世周年纪念日那天，律师和代理人按照索拉菲生前的交代在公证部门的见证下打开了那只保险箱，在近五万封来信中，有一个小伙子猜对了索拉菲的秘诀。小伙子和索拉菲都认为不幸的人最缺少的是野心，因为没有野心，所以才遭受不幸。

在颁奖之时，记者带着所有人的好奇，问这位小伙子：“你为什么想到的是野心，而不是其他的？”小伙子说：“因为我的生活总是面临着这样或那样的不幸，因此我就有了想当总统的野心！”

小伙子说完，所有人都哈哈大笑起来。

后来，几十年后，小伙子虽然没有成为总统，但他却成为了煊赫一时的风云人物。

我们便可以得知，我们缺少的是欲望、是野心。这会让我们放手一搏，说不定再稍微地多一点欲望或野心，成功就在眼前了。

1. 没有欲望的人也许某天会享有盛名，然而，有欲望的人不想出人头地则很罕见；

2. 欲望就像救命的稻草，会让你找到力量；

3. 欲望可以让你战胜困境，笑对眼前的坎坷；

4. 很多人会绝望，大多数是因为有一个无可救药的弱点——缺乏欲望。

## 方向不对，努力就白费

我们都知道“南辕北辙”的故事，在现实生活中，你是否也会犯下同样的错误呢？如果方向不对就不会成功。

想想，我们固然很努力，而如果我们想要去的地方在南方我们偏偏往北方走，何时才能到达自己要到的地方呢？当然，有的人说地球是圆的，围绕地球绕一圈就到达那个地方了，但谁有那个时间和精力浪费在无聊的事情上。

我们没有必要犯下“南辕北辙”的错误，方向不对，努力了就不会有回报。

黄国伦想写一本很畅销的书，可是，他并没有策划的经验，也不熟悉市场，就按照自己想要写的写了起来。他以为会很抢手，结果，他很努力花费了一年才写了一本书，可是，没有出版社愿意公费，黄国伦叫苦不迭。

黄国伦没有明确的方向，而凭自己的主观臆断，即便很努力，到后来也是功亏一篑。

我们没有必要把时间浪费在那些不值得做的事情上，毕竟人的精力有限，而在做一些事情之前，要明确方向、要预测将要发生的结果，否则，不加思索地去做，固然很努力，也往往不会成功。

马永波是一个年轻的摄影爱好者，他决定到山上去踩点。他想拍摄春天里来到河边喝水的白鹭，可是，他不去白鹭出没的地方，而随便地找到了一条河流待下来，结果，他固然等得很辛苦，但并没有遇到白鹭。

马永波不去白鹭出没的地方，他就不会见到白鹭，这一点任何人都是知道的。就象是“刻舟求剑”，不去剑掉下去的地方寻找，而是在船舷上标有记号的地方寻找，方向不对，就不会找到。

我们有必要明确方向，不能再犯迷糊了。方向不对，纵使多么努力，也是白费功夫。想想王熙凤可是对贾府鞠躬尽瘁，但到后来机关算尽误了卿卿性命，实在可惜。

我们有必要明确方向，不能在方向不准确的前提下，就错误地认为，只要努力了就会有回报。其实，你固然很努力，也累得筋疲力尽，但方向不对，像“揠苗助长”一样只会于事无补。

韩滔第一次请女客户吃饭，由于他不知道女客户爱吃什么而且女客户是回族人，就点了自己爱吃的东西。他以为自己爱吃的女客户也爱吃，结果由于他点了女客户不能吃的辣椒和猪肉，致使女客户很尴尬，合作没有成功。

韩滔以为自己爱吃的女客户就爱吃，结果不提前询问女客户的口味和忌口，就闹了笑话甚至有可能是矛盾。

我们没有必要凭自己的主观意向去做事，在做事之前，要明白，努力了就能达到自己的想要。否则，对未来含糊不清，就会努力了也不会有回报。

所以，努力时要有方向，这样才能让事情按照自己想象的方向发展，否则，没有方向或方向不对，纵使你多么努力，也会不幸地告诉你：功夫会白费。

## 不幸之后，你还会这样领悟

1. 我们有远大梦想，想一人之下万人之上，但如果方向不对，就很不幸地告诉你，到最后会功亏一篑；

2. 要以优雅的心去找到那条属于自己的路，就能早一日步入正轨，与自己的宏图意愿接轨；

3. 在多走了曲折的路之后，才知道不幸了、才能明白，原来只有一条路适合自己；

4. 凡事三思而后行，就很少会事与愿违。

## 渴望帮助却孤苦无援

一个人在外拼搏，往往会感觉到力不从心。这时候，我们就想要是有一个人帮助我们一把，那么，我们就可以少走弯路，或者少了几年、十年的奋斗。但是，很少有人会从真正意义上帮助我们，到后来往往还是自己一个人奋斗。

没有伯乐的赏识，孤苦无援，我们是否感觉到很累呢？的确，我们会每天都劳神费心，每天都筋疲力尽。

有时，一个人躺在床上，翻来覆去睡不着——为什么没有一个人可以帮助我们一把呢？为什么要这么累？但即便我们幻想着得到别人的提携，可以少努力、少奋斗，我们还得要工作下去，每天忙忙碌碌。

其实，固然有可能会遇到贵人，但可遇不可求，做好自己就是最好不过了。

余兴华在社会上打拼几年后，觉得心有余而力不足，想找一个很重视自己的老板，让自己事业上获得更大的发展。经过重重地努力，终于有一家公司的老板看重了余兴华。他许诺要给余兴华很优厚的待遇，并答应把余兴华推出去，让他功成名就。余兴华以为遇到了伯乐，如获新生。

在新的公司一开始的一段时间里，老板按照要求给了余兴华很高的报酬。余兴华也乐在其中，觉得未来可以过上更好的生活。

但天下没有免费的午餐，老板后来交给了余兴华一些任务，余兴华都没有做到让老板满意。老板觉得他当初选错了人才，渐渐地和余兴华之间有了摩擦。

这样，又过了几个月，老板对他说："我看，咱们之间的合作出现了问题，不如就此结束吧!"

余兴华说："我每天都在努力，不过你的要求也太高了，谁能那么超负荷地工作？再说了，我比公司里的其他的员工都努力，只是比他们多拿点薪水罢了。"

老板说："算了吧，我开一家公司也不容易。的确，你很优秀，不过，给你的报酬还是高了一点，你能不能要少一点?"

余兴华听后，如被泼了一盆冷水，后来在"不堪重压"的情况下，不得不离开了公司，去另谋高就。

余兴华希望得到别人的帮助，让自己事业上突飞猛进，但没有人无缘无故地会帮助他的。如果他不能为别人创造价值，别人也往往会袖手旁观的。

不过，有的人会问，为什么有的人可以遇到伯乐呢？只有遇到伯乐，他们才会事业上突飞猛进。像各行各业的精英，他们并不是靠自己一个人单打独斗的，很多时候是有别人的帮助，才能扶摇直上。

的确，有些人会得到别人无私的帮助。但很少有人会有那种福分，在我们没有遇到别人的赏识之前，就有必要做好自己。不能过多地渴求得到别人的帮助，以免黄粱一梦到后来成了泡影。

当然，有别人帮助我们我们是很荣幸的，起码可以不费吹灰之力就能达到某种成就。但并不是只要我们梦想着就会有人来帮助我们，很多时候，我们是靠自己打拼，一步一步地走向成功的。

所以，有别人帮助固然是好，我们也很难一个人取得成功，但在别人都爱莫能助的时候，我们只有靠自己了。那时候，即便孤苦无援，也要泰然地走下去，很少有人会陪你到最后，只有自己努力得来的果实才会真正属于自己。

1. 在社会上不断颠簸之后，才知道很少有人能帮助你，除非是你的亲人、

朋友，或者一些认为你有价值的人；

2. 不要相信会不劳而获，付出了才有回报；

3. 社会很现实，人情很冷漠，只有自己才能拯救自己，其他的“靠山山会倒，靠人人会跑”；

4. 如果你失败了，很多人会嘲笑你；如果你成功了，很多人会崇拜你。所以，要面对那些善变的人们，目标和行动要达到完美的统一。

## 尊重的价值与意义

现代社会，很多人自以为了不起，结果吃了亏，来看下面的一则故事：

一天，一位年轻的女人带着她的儿子来到总部大厦楼下的花园，她们坐在一张长椅上。

女人很生气地在训导着儿子，说儿子成绩不好，是不孝。儿子在那里默默地不说话。

不远处，有一个衣着朴素的老头儿拿着一把大剪刀，正修剪着低矮的灌木。

看到儿子漫不经心的样子，听着“咔嚓咔嚓”的剪刀声，女人更生气了，对儿子说：“如果你现在不认真学习的话，你将来就会像那个老头儿一样做着苦力。”

儿子仍不说话，傻傻地待在那里。

女人从随身的挎包里揪出一团卫生纸，擦了鼻涕，然后一甩手抛了出去，正好落在刚剪过的灌木上。

老人惊诧地转过头，刚想生气，但还是会心地笑了笑，走过去把卫生纸捡起扔到了垃圾桶里。

这时候，女人又开始数落她的儿子了，女人说：“我不希望你长大了像他那么没有出息。”女人一边说一边用手指向老头儿。

儿子终于开口说话了：“妈妈，我长大后一定会有出息的。”

“有出息？你看看你这学期的成绩这么糟糕！”女人说着说着，又擦拭了鼻涕，扔了一团卫生纸。

老人仍然走过去，把卫生纸捡起，扔到垃圾桶里。

一连几次，老人都是悄无声息，没有露出厌烦的神色。

女人又继续数落她的儿子："想想我是做着多么高尚的工作，凭你目前的成绩，将来一定像那个老头儿一样做着最卑微、最低贱的工作。"

听女人这么说，老人觉得很好奇，走过来问："女士，请问您是做什么工作的呢?"

女人毫不在乎地说："我就在这家大楼的一个部门当经理。"

看着女人很自信的样子，老人笑着说："的确你所在的单位不错，这是家知名的企业。"

女人说："那当然！哪里像你和我的儿子，到后来只做一些让人看不起的工作。"

老人索然一笑，说："你的确是在这栋大楼所在的部门里工作吗?"

看到老人有点质疑，女人掏出证件，在老人面前晃了晃，而且一本正经地说："我是很有身份的，现在要让我的儿子明白学习的重要性，不然他以后就可能像你一样没有身份了。"

老人没有生气，而是反问："对不起，能借用一下您的手机吗?"

女人很神气地把手机借给了老人，还对儿子说："你看到了吗，那个老头儿连手机也买不起，你将来一定不能像他那样。"

老人拨打了一个电话，简短地说了几句话，就把手机还给了女人。

女人对老人不屑，还在拿他的贫困当儿子的"活教材"。

这时候，集团人力资源部的负责人走过来，女人连忙起身点头哈腰。谁知，那个负责人看也没看她，径直走到老人面前，毕恭毕敬地说："总裁，您好，我这就按照您的指示免去那位女士在公司的职务。"

听到负责人那么说，女人顿时傻眼了，很后悔刚才没有尊重老人。

女人因为没有尊重老人结果被解雇了，可见我们有必要尊重别人，不可小瞧任何人。说不定我们身边的人就比我们高贵，只是他们不让我们看到罢了。我们会因为尊重赢得别人的刮目相看，认为我们有修养，从而别人也会对我们投来友好的目光。

但是，还是有很多人不会尊重人，因为这个给自己招来了祸害。

明太祖朱元璋草莽出身，家境贫寒，直到后来做了皇帝，才享受到了荣华富贵。于是，那些昔日和他玩耍的穷哥们儿听说他做了皇帝，便到京城找他，希望能够得到一官半职，享受锦衣玉食的生活。而朱元璋也不是一个忘本的人，想到自己既然做了皇帝，也应该照顾一下昔日的朋友，于是，给钱财的给钱财，给官职的给官职。

这时，有位自称是朱元璋儿时一起光屁股长大的好友，听到了这个消息后，千里迢迢从老家凤阳赶到京城了，来投奔朱元璋。这位好友经过一番周折后，总算进了皇宫，见到了朱元璋皇帝。

可是，这位好友依旧是衣衫褴褛，一见面，便大嚷起来："哎呀，朱重八，现在你当上了皇帝，可是威风至极呀！想必你都不记得我了吧？想当年咱俩可是一块儿光着屁股玩耍，你干了坏事，总是让我替你背黑锅，每次都让我替你挨打。还记得那一次吗？咱俩一块儿到邻居的地里偷豆子吃，然后背着大人用破瓦罐煮。可是，豆子还没煮熟，你就等不及了，先抢了起来，结果把瓦罐都打烂了，豆子撒的到处都是。结果，你吃得太急太猛，没熟透的豆子卡在嗓子眼里，下不去了，还是我帮你弄出来的。怎么，你还有印象吗，你现在想起我了没？"

其实朱元璋早就认出来了，可是听昔日的好友这么一说，顿时雅兴全失，因为这个昔日的伙伴一点都不知道尊重自己，一点面子都不给自己留，当着后宫佳丽和众奴才的面，竹筒倒豆子，揭自己的短处，让自己这个皇帝的脸往哪儿搁。

朱元璋心里非常不悦，盛怒之下，下令将这个从小一块玩的好友杀了。

这种揭别人的隐私和短处便会得罪很多人了，是一种很不优雅的举措。而我们要想实现自己野心或抱负，尊重会添加我们的筹码。

罗斯福在竞选总统之时，他的助手贝尔为他拉选票。为了更好地得到别人的支持，贝尔给很多相关的人物写信。在一开始，贝尔都会亲切地称呼对方的名字，如“亲爱的卡特”“亲爱的威廉”，在信的结尾贝尔都没有忘记留下自己的名字。正是因为这些尊重，使得别人对罗斯福产生了好感，最终给罗斯福投下了宝贵的一票，使得罗斯福得以当上了总统。

可见，不要等到一再遭遇不幸后才去尊重。尊重是每个人都渴望的心理需求。要不要踩到雷区，对所有人都尊重。这样，才能不会因为这个而处处碰壁，才能地在社会上无往不利。

1. 俗话说，打人不打脸，揭人不揭短。在平常陌生人之间，更要避免这个招人怨恨的误区；

2. 尊重是一种休养、习惯和心态，要发自内心地去尊重别人，并不是依据别人尊重你的多寡去尊重别人；

3. 凡是想成就大事的人，与人交往时，都需要尊重别人，这样，才能赢得别人的另眼相待；

4. 尊重更能彰显我们的人格魅力，会让我们得到一臂之力，及早赢得成功。

## 把自己适当看高一点

当你走到人前时，昂首挺胸总是要比低眉顺眼好。一个人若是自己都看不起自己，别人怎么会看得起你呢？所以，与其把自己看低，不如把自己看高。

把自己看高一点，认为这个世界上没有什么位置是你没有资格去占有的、没有什么东西是你不配享有的，然后优雅十足地付出努力。你将会发现，你的人生道路一下子变得豁然开朗了。

来看一则故事：

古希腊的大哲学家苏格拉底在风烛残年之际，知道自己时日不多了，就想考验和点化一下他那位平时看来很不错的助手。

他把助手叫到床前，说："我的蜡所剩不多了，得找另一根蜡接着点下去，你明白我的意思吗？"

"明白，"那位助手赶忙说，"您的思想、光辉会很好地传承下去。"

"可是，"苏格拉底慢悠悠地说，"我需要一位最优秀的传承者，他不但要有相当的智慧，还必须有充分的优雅和非凡的勇气，你能帮我寻找一位吗？"

"我一定竭尽全力！"

苏格拉底笑了笑。

那位忠诚而勤奋的助手，不辞辛劳地通过各种渠道开始四处寻找了。可他领来一位又一位，都被苏格拉底一一婉言谢绝了。一次，当那位助手再次无功而返时，病入膏肓的苏格拉底硬撑着坐起来："真是辛苦你了，不过，你找来的那些人，其实都不如……"

"我一定加倍努力，"助手恳切地说，"哪怕是找遍五湖四海，我也要把最优秀的人选挖掘出来。"

苏格拉底笑了笑，不再说话。

半年之后，苏格拉底眼看就要告别人世，最优秀的人选还是没有眉目。助手非常惭愧："我真是对不起您，令您失望了！"

"失望的是我，对不起的却是你自己，"苏格拉底很失意地闭上了眼睛，停顿了许久，才又不无哀怨地说："本来，最优秀的人就是你自己，只是你不敢相信自己，才把自己给忽略、给丢失了。其实，每个人都是最优秀的，差别就在于如何认识自己、如何发掘和重用自己。"说完之后，苏格拉底就永远地离开了他曾经深切关注着的世界。

那位助手非常后悔，甚至自责了整个后半生。

可见，在这个世界上没有什么是不可能的，你要承认自己是最优秀的，那就算成功了一半。最后是否成功，就要看你下一步的努力了。

1. 要认识自己，发掘并重视自己；

2. 在前进的道路上，有时差的就是那自信的一步，自信了便会有更出色的人生；

3. 要看得起自己，才能让别人刮目相看；

4. 我们应该有更多、更高的追求，只有如此，才能有激情和动力去寻找自身的金矿。